Percy Alberto Bobadilla Díaz

Gobernanza y Desarrollo Territorial

Percy Alberto Bobadilla Díaz

Gobernanza y Desarrollo Territorial

Estudio de caso en América Latina

Editorial Académica Española

Imprint
Any brand names and product names mentioned in this book are subject to trademark, brand or patent protection and are trademarks or registered trademarks of their respective holders. The use of brand names, product names, common names, trade names, product descriptions etc. even without a particular marking in this work is in no way to be construed to mean that such names may be regarded as unrestricted in respect of trademark and brand protection legislation and could thus be used by anyone.

Cover image: www.ingimage.com

Publisher:
Editorial Académica Española
is a trademark of
International Book Market Service Ltd., member of OmniScriptum Publishing Group
17 Meldrum Street, Beau Bassin 71504, Mauritius
Printed at: see last page
ISBN: 978-3-639-53324-8

Índice de contenido

Prefacio / Introducción

Pendiente

Capítulo 1

¿Por qué diseñamos y ejecutamos proyectos de desarrollo?

1.1   La búsqueda del cambio social

Uno de los acuerdos y consensos más trascendentales que han tomado las instituciones públicas y privadas incluyendo a la sociedad civil, a nivel nacional e internacional, es que todo esfuerzo económico, material o tangible incluyendo el manejo y protección de los recursos naturales y animales (*environment*) orientado al desarrollo de una nación, tienen que enfocarse en beneficios concretos en la calidad de vida de la personas. Específicamente en sus capacidades y habilidades para defenderse ante las situaciones que les toca vivir, pero a su vez, para acceder plenamente a una ciudadanía que lo integre política y culturalmente a estos modelos de desarrollo; ahí radican los esfuerzos organizados que buscan el llamado cambio social,

El cambio social se entiende no sólo por lo que tenemos -ámbito de necesidades materiales como comida, vestido, vivienda, acceso a servicios de salud y educación, aire limpio, agua sin contaminación, etc.; que indudablemente son importantes en todo proceso de desarrollo- sino especialmente por lo que las personas son y hacen, lo cual las convierte en la razón de todo esfuerzo político por lograr que éstas sean libres y puedan decidir su destino como individuos, en sus familias y en las colectividades en las cuales interactúan[1].

La mirada que integra lo económico, cultural y político es un marco analítico que nos permite entender el cambio social en real magnitud, especialmente en los grupos que viven en condiciones de inequidad, exclusión y/o pobreza[2].

Una de las formas que tienen a su alcance las organizaciones interesadas en promover este tipo de cambios es el diseño y puesta en marcha de proyectos. El mundo de los proyectos de desarrollo se ha convertido hoy en día en un campo de acción central para entidades públicas, privadas y de la sociedad civil. Todas ellas interesadas en contribuir a la gobernabilidad, al crecimiento económico y a la integración cultural de determinados espacios a nivel local, regional y nacional.

---

[1] Es indudable que la obra del economista hindú Amartya Sen ha tenido una notable influencia en este nuevo paradigma conocido con el nombre de Desarrollo Humano Sostenible, en el cual el ámbito de las necesidades básicas y el ámbito de las capacidades y derechos se integran en una lógica causa-efecto, donde las cosas son necesarias he importantes en la medida que consigamos efectos en el nivel de vida de las personas. El fin del desarrollo no son las cosas que la gente tiene sino los efectos que estas cosas generan en la calidad de vida, siguiendo a Sen, donde las personas consigan mayor libertad para definir su destino y elegir el estilo de vida al cual aspiran.

[2] Este argumento se inspira en las propuesta planteadas por Figueroa y otros en el libro Reformas en Sociedades Desiguales; donde lo social es la integración de lo económico, cultural y político.

¿Qué justifica la inversión en un proyecto de desarrollo en comparación a la inversión que se hace para un proyecto privado con fines de lucro? Los proyectos que ponen en marcha las empresas privadas (industrias, organizaciones de servicios, comercio, etc.) tienen por fin último la rentabilidad económica y la ganancia. Evidentemente a través de un servicio de alta calidad que satisfaga las necesidades de los clientes, es decir personas que pueden pagar por el bien o servicio. Mientras se garantice el lucro todo proyecto empresarial privado existirá y será viable.

El contexto histórico en el cual se implementaron estos proyectos con fines de lucro, estaba caracterizado por modelos de desarrollo basados en el modo de producción urbano-industrial, que puso énfasis en la productividad y el uso máximo de los recursos humanos y naturales. En la actualidad, este modelo ha sido profundamente cuestionado por el daño al ecosistema y a diversos grupos sociales a los que finalmente afecta. A partir de esto, las empresas han empezado a incorporar otros enfoques que intentan disminuir o mitigar este impacto negativo incorporando nuevas normas y tecnologías respecto a los derechos laborales de los trabajadores y a los procesos técnicos de producción. El primero conocido como procesos socialmente justos y el segundo como procesos ecológicamente limpios; todo esto en el marco de la llamada responsabilidad social empresarial.

Por el contrario, los proyectos promovidos por el Estado y las ONGs o sociedad civil organizada, no se sustentan en el lucro, ganancia o rentabilidad económica, sino más bien se fundamentan en el desarrollo del bien común (fines sociales) para personas que viven especialmente en condiciones de pobreza, exclusión, marginación o inequidad en todos los ámbitos de la vida social (económico, político o cultural).

En ese sentido, los proyectos se justifican en tanto logren modificar dichas situaciones. Sin embargo, para poder modificarlas se requiere convencer, persuadir a diversos actores públicos y privados de la necesidad de incorporar dichos cambios. Para ello es fundamental construir un marco conceptual capaz de disuadirlos de la reproducción de una práctica social que daña a un grupo determinado de personas. Por ejemplo, el movimiento feminista nace para contrarrestar el sistema patriarcal; el movimiento ecologista se origina para contrarrestar el modelo de desarrollo industrial contaminante; el movimiento por los discapacitados nace para contrarrestar la exclusión social que viven esos grupos en el uso del espacio y acceso a medios y oportunidades de desarrollo económico-social; y así podríamos mencionar a los niños, niñas, jóvenes, adultos mayores, personas que viven con VIH, etc.

Todos los grupos mencionados, para lograr convencer a la sociedad de que sus derechos se ven vulnerados en el sistema político y económico, necesitan por lo tanto de un discurso del desarrollo que otorgue razones objetivas y rigurosas para en la práctica convencer a aquellos que no están de acuerdo de la necesidad de incorporar estos cambios en la vida social de las personas.

Existe entonces la necesidad de justificar cualquier intervención social a través de la construcción de un enfoque de desarrollo[3] para una acción colectiva organizada, ya sea a nivel del Estado y de la sociedad civil.

> "Los enfoques de desarrollo se caracterizan por un estilo de pensamiento orientado a intervenir en la sociedad mediante políticas y programas de acción sustentados en objetivos y metas medibles a través del tiempo. De esta manera los enfoques proceden con un conjunto de presupuestos sobre la dinámica social y diseñan imágenes objetivo e instrumentos para alcanzarlos…"

La manera como los enfoques de desarrollo han logrado convertirse en un referente fundamental para que las organizaciones públicas y privadas implementen sus proyectos se debe a la motivación social por resolver tres aspectos claves de la vida y que se convierten en desafíos centrales en el mundo global: la lucha contra la desigualdad, la pobreza y la inequidad, que conllevan finalmente a una lucha contra la exclusión social en todas sus formas[4].

"DESIGUALDAD

Todas las escuelas teóricas aceptan o no la desigualdad como un hecho social "natural" [y] coinciden en que la desigualdad atañe a la organización general de la sociedad y a la manera en que están apuntados el acceso, el manejo y distribución de los recursos tangibles y no tangibles de la sociedad en cuestión: propiedad, ingresos, empleo, honor social, reconocimiento y valoración personales, sentido de pertenencia, acceso a esferas de decisión y capacidad de concretar la influencia".

"POBREZA

Es la forma en que se expresa la desigualdad social en el sector social ubicado en la base de la estratificación. La pobreza tiene elementos objetivos:

- la organización de la sociedad
- la determinación de oportunidades
- los accesos a los recursos culturales (las valoraciones de lo aceptable y deseable), y subjetivos (las percepciones individuales de privación satisfacción)".

"INEQUIDAD

Es la manera en que la estratificación social impide el desarrollo de capacidades de los sujetos individuales o colectivos".

---

[3] Las siguientes definiciones que se presentan han sido tomadas y adaptadas de Plaza, Orlando. En: *Desarrollo Rural: Enfoques y Métodos Alternativos. Y en* Desigualdad, Pobreza y Desarrollo. Cuaderno de Trabajo No. 5. Lima, 2008. Capítulo I: Equidad y Desarrollo: aspectos conceptuales
[4] Ibid.

Como se menciona anteriormente, todos estos conceptos se pueden interpretar bajo la noción de *exclusión social,* que tiene la virtud de integrarlos en un solo enfoque.

"Acción y efecto de impedir la participación de ciertos grupos sociales en aspectos considerados como valiosos de la vida colectiva".

La exclusión social contempla tres esferas de la interacción social: económica, política y cultural.

- **Económica:** sistemas productivos y mercados. Los sujetos no cuentan con los medios y capacidades que les puedan brindar la opción de participar activamente en los sistemas productivos.

- **Política**: garantiza los derechos y establece las normas y deberes. Los sujetos carecen de derechos garantizados por una autoridad legítima; esto impide ejercer su libertad, participar en decisiones y desenvolverse en la vida social.

- **Cultural:** códigos, valores y aspiraciones. Se expresa bajo dos formas:
  - ✓ Marginación de ciertos sectores que no comparten los *códigos* básicos necesarios para comunicarse en interactuar en la sociedad: manejo del idioma, alfabetismo, escolaridad.
  - ✓ Discriminación de ciertas categorías de personas que son percibidas como *inferiores*. Reciben un trato diferenciado y humillante en sus relaciones sociales"[5].

En conclusión, una práctica social a través de la gestión de proyectos que no contempla un discurso del cambio social y por lo tanto no tenga claro por qué y para quiénes trabaja, carece de sentido. Es un proyecto desorientado, reactivo y con pocas probabilidades de apuntar al desarrollo humano sostenible. Sin embargo, si un proyecto logra explicitar su razón de ser y hacer, necesita de un mecanismo que le permita traducir estos enfoques en prácticas rigurosas.

¿Cómo podemos llevar a la práctica los discursos del cambio social? Es ahí donde aparece la estrategia como medio central que ayuda a los discursos o marcos interpretativos a traducirse en modelos o formas de intervención, donde la estrategia se convierte en el medio central y tal vez el más importante para que las acciones de los proyectos alcance la consecución de los objetivos previstos.

1.2   ¿Qué estructura el diseño de un programa o proyecto de desarrollo?

Hemos hablado de la importancia que tiene el discurso de cambio social, el cual otorga sentido y significado a la práctica de las organizaciones públicas y privadas cuando tienen la responsabilidad de ejecutar propuestas que intentan modificar la pobreza y exclusión en todas sus formas.

---

[5] *Exclusión Social y Desigualdad en el Perú. Adolfo Figueroa – Teófilo Altamirano – Denis Sulmont*

La dimensión referida al discurso del cambio social es la que ayuda a justificar el por qué se debe invertir en proyectos de desarrollo, legitimando así la intervención de diversos actores públicos y privados en el manejo de bienes y/o servicios públicos frente a la oposición de agentes que por diversos intereses no encuentran viable o no apoyan estas iniciativas.

El discurso del cambio social o también conocido como marco ideológico del proyecto es un mecanismo de persuasión, convencimiento y debate entre diversos actores y sus distintas formas de entender el mundo y la forma como utilizar los recursos con los que contamos. Es a partir de este marco conceptual que podemos comprender y reflexionar el por qué es necesario un cambio o no en la vida de las personas y contrarrestar aquellas posiciones que no favorecen la equidad y la inclusión social.

Sin embargo, esta dimensión interpretativa no es suficiente para promover los cambios, se requiere además de otras dos dimensiones que ayuden a poner en marcha estas ideas en la práctica. Es decir es necesario incorporar el pensamiento estratégico y el uso de herramientas que facilitarán el diseño de proyectos coherentes en sus apuestas y rigurosos en su metodología.

La estrategia como curso de acción y las herramientas como medios de intervención para alcanzar los objetivos de los proyectos

Las prácticas más exitosas en el campo empresarial, social y público han tenido como elemento común el tipo de estrategias que implementaron. Sin estrategias, las personas en una organización tienden a ejecutar las actividades de acuerdo a su buen parecer. Sin estrategias rectoras la organización de alguna manera va a la deriva y, lo que es peor, si la capacidad de una persona es la base del éxito de una organización, una vez que ésta se retire de la misma, se lleva con ella el *know how* institucional, y así queda la organización huérfana de mecanismos y métodos institucionalizados que apunten a su sostenibilidad.

La estrategia se convierte en un medio fundamental para traducir el discurso de desarrollo, ambos son interdependientes, uno necesita del otro para lograr una intervención eficaz. El discurso del desarrollo y las estrategias rectoras se convierten para los integrantes de una organización en un marco de reflexión-acción, de entender la realidad y cómo aprovechar sus oportunidades y enfrentar sus amenazas. Sin esta dinámica que ayuda a articular lo académico y lo profesional; la práctica social de las organizaciones públicas y privadas sería infructuosa, existirían capacidades humanas y materiales inadecuadamente aprovechables; que a la larga no ayuda a generar cambios sociales sostenibles.

Un discurso de desarrolla que incorpora estrategias de intervención logra que el conocimiento y las lecciones aprendidas generen un cambio en y para la acción social. Dicha acción, sea pública o privada, será eficaz en la medida que cuente con una estrategia que la oriente; y tiene en el discurso de desarrollo un elemento que explica y justifica las razones de dicha intervención.

La capacidad de interpretar y explicar que tiene el actor o ejecutor sobre la realidad deviene del discurso, pero la capacidad para generar cambios en la realidad deviene del poder de la estrategia. Una acción social con discurso explicativo y estrategia rectora *amplia* su capacidad para el logro de impactos. La evaluación e investigación nos proporcionarán entonces información valiosa para saber si lo que interpretamos e hicimos generó valor público y bienestar en la sociedad.

Las herramientas de gestión como el marco lógico, el plan estratégico, las líneas de base, los sistemas de monitoreo y evaluación, entre otros, solo podrán ser utilizados en su real alcance o capacidad en la medida en que los aspectos (discurso y estrategia) que acabamos de explicar sean claros y consensuados por los actores públicos y privados que intervendrán en determinada realidad social.

Las herramientas no otorgan identidad a ninguna organización, ni explican el sentido y significado de su acción. Estas son solo un medio al alcance de cualquier entidad o grupo organizado, es decir pueden ser utilizadas por cualquier actor, incluyendo las bandas de narcotraficantes, mafias o grupos delictivos.

Las herramientas de gestión son solo instrumentos facilitadores para la intervención social. Si el actor no tiene conocimiento, experiencia e inclusive no tiene claro el qué, el por qué y el cómo implementar sus propuestas, dichas herramientas serán sub-utilizadas y no ayudarán al propósito que buscan los grupos organizados: el cambio social orientado al bien común de todos los miembros de la sociedad.

Gráfico 1

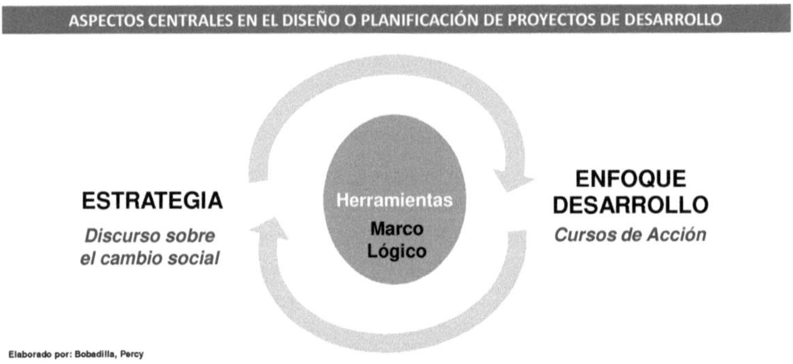

ASPECTOS CENTRALES EN EL DISEÑO O PLANIFICACIÓN DE PROYECTOS DE DESARROLLO

ESTRATEGIA

Discurso sobre
el cambio social

Herramientas
Marco
Lógico

ENFOQUE
DESARROLLO

Cursos de Acción

Elaborado por: Bobadilla, Percy

1.3 ¿Qué gestionan los programas o proyectos de desarrollo?

Toda acción colectiva organizada tiene como motivación principal la satisfacción de necesidades e intereses por medio del cumplimiento de determinados objetivos. Para ello, los miembros activos de la organización dividen su trabajo y coordinan esfuerzos buscando concertar sus puntos de vista en relación con los procesos más convenientes que les permitan alcanzar los fines previstos.

Este tipo de racionalidad organizativa puede entenderse y explicarse dentro del concepto de gestión. Toda persona que trabaja en forma colectiva, y que por tanto requiere del aporte de otras personas, necesariamente tiene que desarrollar habilidades en el uso de los recursos materiales, mejorar los desempeños, usar en forma eficiente el tiempo, tener capacidad de comunicación y coordinación de esfuerzos, etcétera. Todo ello a fin de promover un ambiente propicio para la toma de decisiones hacia el logro de resultados satisfactorios.

De otro lado, en los últimos años, sobre todo en el mundo globalizado, aparece el concepto de gestión estratégica, el cual permite entender la articulación de cualquier tipo de organización con su entorno. En ese sentido, se define la gestión estratégica a la forma como los dirigentes o líderes de una organización, e inclusive todos sus integrantes, orientan y adaptan los recursos tecnológicos y materiales que están a su alcance en función de las exigencias del presente pero proyectándolos hacia el futuro, tomando como referente principal las demandas del contexto social en el cual intervienen. Para ello es clave que la evaluación de los procesos de intervención en la realidad, y los resultados que se obtengan, ayuden a fortalecer su posición mediante ventajas comparativas producto de la combinación de mecanismos de cooperación y competencia con los otros actores con los cuales se relacionan.

La gestión trasladada al campo de acción de las organizaciones e instituciones públicas y privadas que trabajan por los sectores sociales menos favorecidos ha tomado la denominación de gerencia social[6]. Sin embargo, las actuales condiciones socioeconómicas y políticas producto del proceso de reforma del Estado, en el que se han venido dando cambios sustanciales en la gestión de programas y proyectos de desarrollo, obligan a una reflexión sobre los alcances de la gerencia social en el nuevo siglo.

---

[6] El término se debe a Bernardo Kliksberg, quien en diversas publicaciones lo ha desarrollado y profundizado. Recordemos que este enfoque aparece a mediados de los años ochenta e inicios de los noventa, contexto en el cual se requería reorientar y mejorar la ejecución de las políticas sociales en el marco de una gestión pública eficiente y eficaz. Kliksberg, Bernardo. *Pobreza: un tema impostergable. Nuevas respuestas a nivel mundial.* México: Fondo de Cultura Económica-PNUD, 1997. Al respecto, véase también Kliksberg, Bernardo. «Las perspectivas de la gerencia social en los años noventa». p. 26. SPDI. «Reforma social y gerencia social». pp. 149-155. SPDI. «Gerencia social: una revisión de situación». pp. 69-94. SPDI. En *Pobreza: el drama cotidiano clave para una Nueva Gerencia Social eficiente*; «Hacia una Gerencia Social eficiente. Algunas cuestiones claves». En *Políticas Públicas y Gestión Social: Una mirada desde la Gerencia Social*. Alcaldía Medellín. pp. 129-140. SPDI.

Para distinguir a la gerencia social de los otros tipos de gestión (pública y privada), comenzaremos por identificar qué es lo que administra tradicionalmente un funcionario público o un gerente de ONG (políticas, programas y proyectos de desarrollo), para luego aproximarnos a la forma cómo administraría dichos bienes una organización que incorpora el enfoque de gerencia social.

Es necesario poner de relieve que las personas que trabajan políticas y programas de desarrollo en los ámbitos público y privado están orientando y adaptando un conjunto de recursos, servicios y espacios de naturaleza común, que en principio no pueden ser confundidos con los recursos, servicios y espacios de naturaleza privada. En ese sentido, y en lo que respecta al manejo de los bienes comunes, podemos mencionar que existen dos tipos de bienes: los bienes comunes públicos y los bienes comunes semipúblicos; ambos tendrán diferente alcance dependiendo del tipo de gestión, el acceso y beneficio que otorguen a determinados grupos[7].

}La gestión gubernamental de *bienes comunes públicos* alude al manejo de recursos naturales y culturales, servicios y espacios que pertenecen a todos los ciudadanos de una nación, quienes pueden acceder y beneficiarse de estos sin ninguna restricción (no exclusivos). Estos bienes son gestionados por el gobierno estatal y municipal. Ejemplo: unidades de conservación, recursos del subsuelo, el litoral y el mar territorial, bienes de valor histórico y cultural, pistas, veredas, parques, playas, defensa nacional, derechos ciudadanos, entre otros.

Pero existen *bienes comunes públicos* gestionados por el Estado que por criterios de concentración y de apoyo a sectores pobres o vulnerables se orientan selectivamente hacia dichos grupos restringiendo su acceso a otros (exclusivos). Es el caso de todos los programas sociales de lucha contra la pobreza, por ejemplo los programas de cuidado infantil (*Wawa Wasi*), de seguridad alimentaria (PRONAA, desayunos escolares), de infraestructura básica (agua potable y desagüe, riego), entre otros.

Bienes comunes semipúblicos son todos aquellos recursos naturales y culturales, servicios y espacios que son compartidos y administrados por un grupo de personas particulares. En este caso operan los principios de acceso y beneficio para todos los miembros de la colectividad a la cual pertenecen o están dirigidos los bienes. Estos bienes pueden ser gerenciados por las ONG y por las propias comunidades que se consideren propietarias de estos. Ejemplos: en las zonas rurales, las comunidades campesinas, las cooperativas y demás formas grupales para gestionar áreas privadas o concesiones del Estado sobre tierras, bosques, etcétera; en las zonas urbanas, las propiedades en condominio, los comedores comunales, los clubes de madres, las asociaciones de microempresarios, entre otras.

---

[7] Las definiciones sobre bienes comunes que se incluyen han sido recogidas y adaptadas del documento «Por el buen manejo del bien común en el Perú» del Instituto del Bien Común (s/d). Al respecto, véase también los trabajos de Smith C., Richard y Danny Pinedo. *El cuidado de los bienes comunes. Gobierno y manejo de los lagos y bosques en la Amazonía.* Lima: IEP / Instituto del Bien Común, 2002. Taylor, Michael. *The possibility of the cooperation.* Cambridge: Cambridge University, 1987.

Las relaciones sociales que predominan en el manejo y acceso de los bienes comunes públicos son entre el proveedor de servicios y los ciudadanos; es decir, las personas tienen derechos y deberes para acceder a estos bienes en tanto asumen dicha posición (ciudadanía). En el caso de los bienes comunes semipúblicos, a la categoría de ciudadanía se le agrega alguna característica distintiva que le permita acceder y beneficiarse de manera selectiva, sea porque son pobres o excluidos, miembros de una comunidad campesina, una cooperativa, un comedor popular, grupos minoritarios, vulnerables, etcétera.

Los *bienes privados individuales* son los recursos naturales y culturales, servicios y espacios que pertenecen a personas o son gestionados por ellas por medio de la empresa privada, entidad que está reconocida y reglamentada jurídicamente, y en la que operan los principios de acceso y beneficio individual del bien. Ejemplos: en zonas rurales, todas las formas individuales y empresariales que gestionan recursos productivos o concesiones del Estado para explotar bienes públicos (empresas mineras, petroleras, entre otras); en zonas urbanas, todas las propiedades que pertenecen a personas naturales y a varias formas empresariales.

Las relaciones que predominan en el manejo y acceso de los bienes privados son las de proveedor-cliente, sustentadas en la lógica del mercado capitalista para la compra y venta de productos, bienes y servicios que pueden ser adquiridos de acuerdo con la capacidad económica de las personas o grupos interesados.

Gráfico 2

Tipo de Gestión de acuerdo a ámbito de intervención según el tipo de acceso al bien

Tipo de Bienes / Tipo de Gestión			Bienes, Recursos (naturales y culturales), Servicios y/o Espacios		
			Comunes		Privados
			publicos	Semi publicos	
GESTION	PRIVADA (Mercantil y Sociedad Civil)	Empresarial			Individuales (Acceso por el mercado)
		Social		(Acceso Selectivo a los beneficiaros del servicio o bien)	
	PÚBLICA		(Acceso Universal, irrestricto o ilimitado)	Acceso focalizado al bien por pobreza o extrema pobreza)	

	Tipo de acceso

12

La gerencia social no tiene competencia sobre el manejo de bienes privados. Se centra en la administración —al igual que la gestión pública y privada— de *bienes comunes públicos y semipúblicos.* ¿Cuál sería entonces su especificidad —si es que existe alguna destacable— en relación con la forma como se administran bienes comunes por las entidades gubernamentales y de la sociedad civil?

Creemos que si bien la gerencia social pone el peso en la promoción de mecanismos de participación para el diseño de políticas y gestión de programas y proyectos, tal participación en sí misma no resuelve un aspecto central en la administración de bienes comunes, la cual tiene relación con la forma *como se gestionan dichos bienes.* Si la responsabilidad del manejo del bien común recae principalmente en el Estado, por más que este convoque la participación de la sociedad civil para la ejecución del programa o proyecto; a esta forma de administración se le denominará gestión pública. Si la responsabilidad del manejo del bien común recae principalmente en una organización de desarrollo —por ejemplo una ONG—, por más que esta convoque la participación de la sociedad civil para la ejecución del programa o proyecto, a esta forma de administración se le llamará gestión privada.

Las experiencias nacionales de gestión de programas y proyectos de desarrollo por el Estado y la sociedad civil en los últimos años evidencian un tipo de gestión que no se ha conocido en décadas precedentes. En principio, los cambios son influenciados por los nuevos planteamientos de la reforma del Estado, en la cual las entidades gubernamentales asumen papeles facilitadores o promotores de procesos de desarrollo, y la sociedad civil más bien asume papeles ejecutores de dichas propuestas[8].

Las fronteras entre el papel facilitador y el papel ejecutor están en plena construcción, por lo tanto su asunción por los actores públicos y privados no está exenta de dificultades y complejidades. En ese sentido, la participación, tan mentada en el discurso de gerencia social, define su contenido en función del nivel de responsabilidad que los actores asumen en el manejo de los bienes comunes. El desafío está en cómo entender la participación y su grado de alcance en el proceso de toma de decisiones y, por lo tanto, en el grado de responsabilidad que asumen los actores frente al manejo del bien en cuestión.

Así, la gerencia social adquiere su identidad frente a la gestión pública y privada en tanto intenta comprender los *esfuerzos de cogestión basados en sistemas de cooperación racional,* en la cual las responsabilidades no están centradas en una de las partes sino, por el contrario, se comparten de acuerdo con roles y reglas de juego claramente establecidas por consenso y tomando en cuenta las capacidades de los involucrados en la puesta en marcha de un programa o proyecto; y son estos esfuerzos además apoyados financieramente por el Estado, la banca bilateral o multilateral, las entidades de cooperación internacional y las empresas privadas con responsabilidad social.

---

[8] El proceso de descentralización es un ejemplo elocuente de esta nueva forma de gestión promovida desde el Estado y que ha generado impactos importantes en la gestión de proyectos. Véase los aspectos referidos a los comités de gestión en la Ley Orgánica de Municipalidades.

De acuerdo con los argumentos presentados, podemos definir a la gerencia social como la *orientación y adaptación de bienes públicos y semipúblicos que se cogestionan de manera intersectorial o interinstitucional, y que buscan garantizar una cooperación racional que produzca beneficios selectivos y compartidos entre los actores miembros de la colectividad en la cual se ejecuta el programa o proyecto de desarrollo*[9].

De esta manera se inicia un proceso de coparticipación sociedad civil-Estado en la formulación, ejecución y evaluación de programas y proyectos de desarrollo, en el cual ambos actores encuentran un papel distinto al que estaban acostumbrados tradicionalmente a desempeñar en las políticas públicas clásicas[10].

En ese sentido, surgen nuevos desafíos en la forma de llevar adelante dichos programas o proyectos que ponen de relieve la necesidad de promover capital social[11] en la lucha contra los sistemas de exclusión, inequidad y pobreza existentes; y que buscan que los actores destinatarios de dichos programas no solo sean receptores pasivos de los beneficios que estos otorgan, sino que además inicien un proceso de aprendizaje social para empoderarse[12] y protagonizar su propio desarrollo.

En este marco de acción colectiva cada actor comienza a encontrar su papel y propósito, el sentido y significado de su trabajo en relación con el proyecto y los resultados que espera alcanzar. Por un lado en la sociedad civil, las ONG, las comunidades campesinas, la empresa privada con responsabilidad social, entre otros; y las entidades estatales, gobiernos locales, regionales, programas sectoriales, etcétera, por el otro, tendrán que ubicar por consenso qué tipo de función y responsabilidad deberán cumplir para la buena marcha del proyecto que ejecutarán en forma conjunta.

---

[9] Recordemos que esta definición tiene sentido únicamente en el marco de los cambios sociales y políticos que viene experimentando América Latina, y específicamente el Perú a partir de la reforma del Estado en la década del noventa.

[10] Unos eran los responsables y ejecutores del programa o proyecto —entidades estatales u ONG— y otros los receptores pasivos de los beneficios de este —la comunidad o grupos destinatarios—.

[11] Según Robert Putnam (1994), el capital social está conformado por el grado de confianza existente entre los actores de una sociedad, las normas de comportamiento cívico practicadas y el nivel de asociatividad que la caracteriza. Estos elementos evidencian la riqueza y fortaleza del tejido social interno en una sociedad. Citado por Kliksberg, Bernardo en *Más ética más desarrollo*, pp. 33-41. Buenos Aires: Temas Grupo Editorial SRL, 2004.

[12] Para mayor información sobre el tema del empoderamiento véase Narayan, Deepa. *Empoderamiento y reducción de la pobreza*. México D. F.: Alfaomega Grupo Editor S. A., 2002. Banco Mundial. *Informe sobre el Desarrollo Mundial 2000/2001, Lucha contra la pobreza: oportunidad, empoderamiento y seguridad*. Madrid, Barcelona y México: Ediciones Mundi-prensa, 2001; y Banco Mundial <www.worldbank.org/poverty/spanish/empowerment>.

NATURALEZA Y GESTIÓN DE BIENES COMUNES Y PRIVADOS DESDE LA GERENCIA SOCIAL

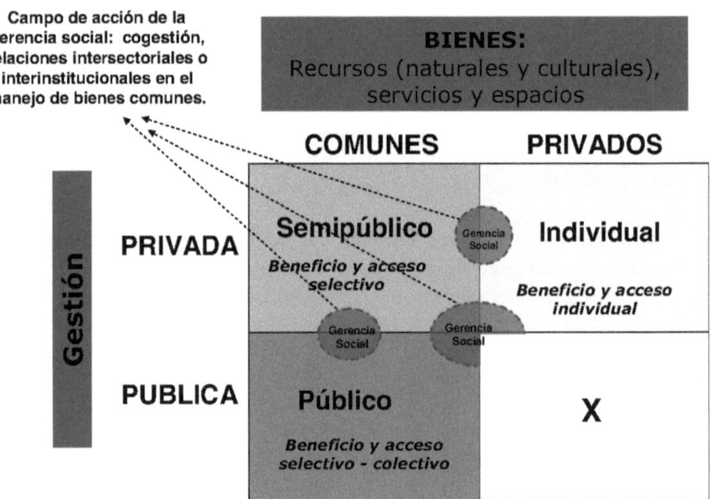

La gerencia social entonces no puede ser entendida solo como un valor agregado de la gestión pública o privada; tiene su propia especificidad y por lo tanto podría ser considerada como una disciplina dentro de las ciencias administrativas, cuyo ámbito de acción y competencia se centra en la cogestión[13] interinstitucional o intersectorial de bienes comunes públicos y semipúblicos.

La definición de gerencia social presentada hasta el momento se fundamenta en tres ejes centrales. El primero relacionado con el aspecto teórico, en el cual el capital social y el empoderamiento son referentes conceptuales básicos, y cuya aparición como fenómeno social solo se explica por los sistemas de cooperación, participación y confianza en las reglas de juego que estructuran la cogestión de los programas y proyectos.

El segundo eje está referido a los componentes necesarios para que esta propuesta teórica se plasme en la realidad; es decir, el desarrollo organizacional que deben alcanzar las entidades o grupos organizados involucrados en la cogestión del programa o proyecto.

---

[13] El trabajo de Miguel Fontes apunta en esa perspectiva, pero desde la disciplina del marketing social. Allí se explica la existencia de un mercado social producto de la relación intersectorial entre el sector gubernamental, el privado y la sociedad civil; diferenciándolo del mercado asistencial y del mercado capitalista. (Fontes, Miguel. *Marketing social revisitado. Nuevos paradigmas del mercado social.* Traducción libre de María Luisa Do Santos. Brasil: Ciudad Futura, 2001, cap. 9: Alianza Social Estratégica, pp. 193-204. Extraído del material bibliográfico del curso a distancia Mercadeo Social de la Maestría en Gerencia Social de la PUCP.)

El tercer eje se relaciona con las *herramientas de gestión* que utiliza toda organización que pretende cogestionar con eficiencia y eficacia un programa o proyecto.

Gráfico 4

MARCO DE ACCIÓN DE LA GERENCIA SOCIAL

SIGNIFICADO DE LA GERENCIA SOCIAL

Implica la orientación y adaptación de bienes públicos y semipúblicos que se co-gestionan de manera intersectorial o interinstitucional; buscando garantizar una cooperación racional que produzca beneficios selectivos y compartidos entre los actores miembros de la colectividad en la cual se ejecuta el programa o proyecto de desarrollo.

MARCO CONCEPTUAL

CAPITAL SOCIAL - EMPODERAMIENTO

- Participación
- Cooperación
- Confianza

DESARROLLO ORGANIZACIONAL

- Cultura Organizacional
- Estructura Organizativa y Estilos de Gestión
- Toma de Decisiones
- Liderazgo
- Trabajo en Equipo
- Negociación de Conflictos
- Gestión de Recursos Humanos

HERRAMIENTAS DE GESTION

- Sistemas de Planificación (Estratégica, Participativa, Programática y Operativa)
- Diseño de Proyectos con Marco Lógico
- Sistemas de Información (Monitoreo y Evaluación)
- Sistemas de Evaluación de Desempeño
- Diagnóstico Situacional/Organizacional
- Presupuestos
- Técnicas de Manejo y Resolución de Conflictos

"Desarrollo sostenible y equitativo mediante la co-gestión"

1.4 ¿Quiénes intervienen en el diseño, ejecución y evaluación de un proyecto de desarrollo?

En la actualidad el diseño y ejecución de proyectos de desarrollo ya no de exclusiva competencia de las entidades públicas y de las ONGs. En los últimos años la empresa privada con fines de lucro que incorpora el enfoque de responsabilidad social viene también interviniendo con bastante interés en la gestión de proyectos.

Otro fenómeno importante a destacar es que la comunidad organizada que otrora se le conocía con el nombre de población beneficiaria de los proyectos, también ha comenzado a ganar mayor protagonismo en la gestión de estas propuestas o iniciativas; asumiendo diversos roles de acuerdo al tipo de proyecto y al grado de organización y experiencia que estos grupos sociales hayan alcanzado.

La cooperación internacional desde siempre jugó un rol fundamental en la difusión de enfoques, estrategias y metodologías para promover proyectos en múltiples campos de acción. En las últimos dos décadas, la cooperación internacional incentiva la asociación público y privada como un mecanismo para lograr que las inversiones que estas promueven en el campo del desarrollo logren un mayor impacto en la lucha contra la pobreza en América Latina y el Caribe. Pero además, buscan un alineamiento de estos esfuerzos a los objetivos del Milenio, de tal manera que los consensos que hasta el momento se vienen consiguiendo a nivel de varios entidades multi y bilaterales generen un mejor uso de los recursos orientados a resultados en la calidad de vida de las personas en el corto, mediano y largo plazo.

En el cuadro que a continuación se presenta se presentan los actores que usualmente vienen trabajando en la gestión de proyectos. Cada actor asumiendo diversas funciones de acuerdo a sus competencias y roles asignado.

Gráfico 5

Si bien los actores mencionados y tal como se presenta en el acápite 1.3 (¿Qué gestionan los proyectos de desarrollo?), tienen diverso nivel de responsabilidad en el manejo de los servicios y bienes. Si la responsabilidad de un proyecto recae principalmente en uno de estos actores, el tipo de roles, funciones y la manera como se toma las decisiones recaerá en dicho actor y los demás participarán de acuerdo a los parámetros y alcances que el actor ejecutor delimite en su campo de acción. Sin embargo, si el proyecto requiere de alianzas estratégicas y las responsabilidades son distribuidas de acuerdo a competencias, experiencia, manejo de recursos y grado de decisión en el proyecto; entonces la gestión del mismo será más compleja y requerirá de mecanismos de concertación claramente establecidos de acuerdo a reglas y procedimientos. Frente a ello, es necesario el diseño de un modelo de gestión donde la co-participación será la característica principal para la puesta en marcha del proyecto.

En relación a este tema se puede señalar que mayormente al Estado le compete roles de facilitación de procesos y generación de condiciones normativas o rectoras que generen condiciones adecuadas para la implementación y supervisión de un proyecto. A la empresa privada por lo general le compete roles de financiamiento, supervisión y asistencia técnica. Por otro lado, a las ONGs, entidades religiosas u otro grupo organizado de la sociedad civil, les competen el rol de diseño, ejecución y monitoreo.

En el caso de la cooperación internacional, el rol de financiamiento, asistencia técnica, monitoreo y evaluación del impacto de las propuestas son tareas asignadas tradicionalmente.

Finalmente, a la población destinataria de los proyectos y dependiendo del nivel de involucramiento en el mismo se le asignan roles de ejecución, vigilancia e monitoreo desde un enfoque de rendición de cuentas.

De todas formas, es fundamental que estos roles se sustenten en procesos de trabajo y reglas de juego claramente establecidas y consensuadas entre las partes. De hecho, cuando se habla de participación de los proyectos se hace alusión a los temas que estamos señalando. Desde diferentes corrientes teóricas la participación es una construcción social que exige esfuerzos y que tiene un costo, que no opera de manera mecánica o voluntaria. Es necesario que los acuerdos y los mecanismos de toma de decisiones en el manejo de un proyecto se centren en reglas de juego que orienten de todos los involucrados. Además por supuesto del sistema de incentivos y beneficio que cada actor tiene en la interacción que se genera alrededor de la implementación de un proyecto de desarrollo.

En la siguiente página se explica con mayor especificidad las implicancias que tiene la co-gestión entre actores para la ejecución de proyectos de desarrollo.

La gerencia social tiene como desafío entonces resolver el problema del *comportamiento oportunista* (*free rider* o polizón), que corresponde a aquella persona o personas que buscan acceder a los beneficios de los programas y proyectos que gestionan bienes comunes públicos o semipúblicos sin comprometerse ni asumir responsabilidades para cubrir los costos que implica su ejecución. Cualquier tipo de restricción deliberadamente propuesta para limitar el acceso o beneficio que otorgue dicho bien a los *beneficiarios oportunistas* puede elevar sobremanera los costos del programa o proyecto y generar efectos no éticos en la forma de entregar los bienes.

En ese sentido, la participación en el marco de la acción colectiva organizada se sustenta en estrategias de cooperación racional, entendiendo por cooperación los esfuerzos que hacen las personas para alcanzar determinados objetivos sobre la base de la reciprocidad y la confianza en las reglas de juego que sustentan dicha acción colectiva[14].

Dichas reglas tienen tres dimensiones: (1) ética: valores morales y humanos, (2) material: satisfacción de necesidades básicas y (3) jurídica: cumplimiento de normas o acuerdos, las cuales orientan la acción de los involucrados en programas y proyectos por medio de diversos sistemas de incentivos y sanciones. Los individuos pueden adaptarse o no a dichos sistemas, dependiendo de los márgenes de libertad de acción existentes y los recursos que controlen en las relaciones de poder que se producen en la ejecución de los programas y proyectos de desarrollo.[15]

Si bien la cooperación promovida exclusivamente a partir de reglas sociales de carácter ético y moral, y las estrategias de promoción de la participación sustentadas en un compromiso voluntario o militante basado en valores, son elementos fundamentales en la integración social, no son suficientes para garantizar una participación eficaz y sostenible. De hecho, las experiencias de desarrollo social muestran que el compromiso militante tiene ciertos límites que buscan resolverse mediante mecanismos de coerción y control que apelan principalmente a la conciencia que las personas tengan de los costos que implica la sostenibilidad de la propuesta de desarrollo.[16]

Para que la participación y la cooperación funcionen en el marco de la cogestión de los programas y proyectos es necesario el desarrollo de relaciones de confianza entre los actores involucrados de acuerdo con los niveles de responsabilidad y autoridad en la gestión de los bienes públicos o semipúblicos. La confianza en las reglas de juego que organizan y orientan la cogestión no está sustentada principalmente en las personas que las ejecutan, sino en los acuerdos que estas toman, los cuales se expresan en normas y procedimientos comunes en la división del trabajo y la coordinación de funciones, lo cual otorga legitimidad a los esfuerzos de concertación y fomenta el respeto al cumplimiento de dichos acuerdos.

Promover la confianza en las reglas de juego que orientan el trabajo colectivo no es una tarea sencilla, en especial si tomamos en cuenta la debilidad de las instituciones sociales y jurídicas en los países de América Latina, donde los costos de transacción son sumamente altos debido a la poca credibilidad y legitimidad que estas tienen en la población.

---

[14] Para mayor información sobre los problemas de la acción colectiva véase Elster, Jon. *El cemento de la sociedad: Paradojas del orden social*. Barcelona: Gedisa, 1991; Olson, Marcur. *The Logic of Collective Action. Public Goods and the Theory of Groups*. Boston: Harvard University Press, 1965. Taylor, Michael, ob. cit.

[15] Los argumentos propuestos se basan en los siguientes libros: Jean-Daniel Reynaud, *Les règles du jeu. L'action collective et la régulation sociale* (Paris: Ed. Armand Colin, 1994, 2da. edición. Traducción de Denis Sulmont); Axelrod, Robert, *La evaluación de la cooperación. El dilema de la cooperación y la teoría de juegos* (Madrid: Alianza Editorial, 1986); Crozier, Michel y Erhard Friedberg, *El actor y el sistema. Las restricciones de la acción colectiva* (México: Alianza Editorial Mexicana, 1990).

[16] No cabe duda de que el tema ético ha alcanzado gran relevancia en el ejercicio de lo público, la buena gobernabilidad y el desarrollo. Nuestro interés en este punto no busca subordinar la ética o lo moral a una racionalidad medios-fines o costo-beneficio, sino que a partir de la base material que promueven los programas o proyectos de desarrollo para la satisfacción de necesidades básicas (educación, salud, empleo, vivienda, etc.) se deberían contemplar e incorporar cuestiones de corte ético y moral que garanticen una sostenibilidad legítima y de respeto a los derechos de otros. Véase al respecto el texto de Kliksberg, Bernardo, op. cit. Más ética más desarrollo.

1.5 Alcances y desafíos a tomar en cuenta en el diseño, ejecución y evaluación de un programa o proyecto de desarrollo

La elaboración de programas y proyectos sociales tiene como principal finalidad la búsqueda del cambio social en un sentido positivo. El cambio social que generan los programas y proyectos sociales se puede dar en dos niveles: en las personas y en sus condiciones de vida. Los cambios que se promueven en las personas tienen que ver con sus capacidades, derechos y deberes. En otras palabras, se desarrolla un cambio en lo que las personas son y lo que hacen. Los cambios en las personas se dan a nivel político y cultural. Por otro lado, los cambios que se promueven en sus condiciones de vida se vinculan con lo que las personas efectivamente tienen. Se desarrolla un cambio en los bienes de las personas, lo que significa un cambio a nivel económico. Los cambios que se producen en el nivel económico, político y cultural se engloban en cambios que se desarrollan a nivel social.

Por la naturaleza de su finalidad, los programas y proyectos se pueden clasificar en aquellos que promueven finalidades y los que buscan medios, es decir, entre los proyectos que promueven cambios en las personas de manera colectiva o individual y los que buscan determinados cambios a nivel de las cosas o espacios. Aunque redundan en beneficio de la mejora de la calidad de vida, la pertinencia de diferenciarlos ayuda a identificar con claridad el tipo de impactos y efectos que esperan lograr, así como evaluar su sostenibilidad.

Actualmente, el escenario ideal busca que los proyectos combinen ambas dimensiones, "fines y medios", para, así contribuir a un desarrollo sostenible cuyo enfoque radique en el mejoramiento de las capacidades propias de los individuos o grupos organizados, y no solo en las "cosas" o recursos materiales o físicos con los que pueda contar. Es decir todo programa o proyecto debe desde su diseño enfocarse en el cambio social, en el valor público que busca conseguir, toda vez que debe identificar impactos o efectos que redunden en la calidad de vida de las personas, sus territorios y/u organizaciones.

Entendemos entonces como valor público: **a los cambios o mejoras en la calidad de vida de los(as) ciudadanos(as) o una población determinada como resultado de los servicios y bienes que el Estado pone en marcha a través de diversas políticas, programas y proyectos.**

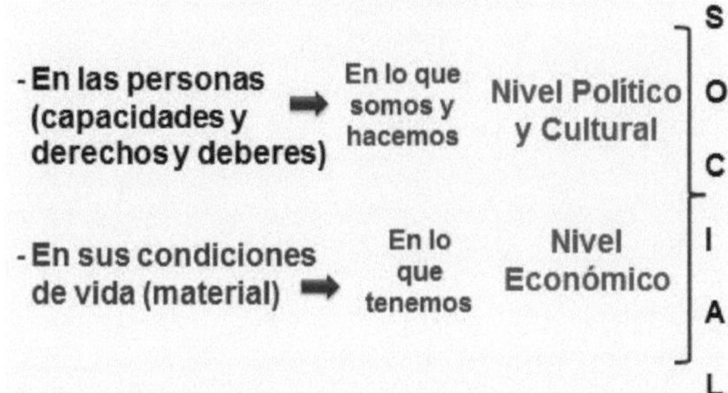

Luego de definir la naturaleza de un programa o proyecto por sus fines, es importante considerar los componentes centrales en el diseño o planificación de un proyecto de desarrollo. En primer lugar, figura el enfoque de desarrollo. El enfoque de desarrollo establece un particular discurso sobre el cambio social, con énfasis en la dimensión política y relaciones de poder e intereses sub-yacentes. En segundo lugar, se encuentra las estrategias. Estos son los cursos de acción, caminos a seguir y procesos a implementar. En tercer lugar, se encuentran las herramientas de trabajo. Por ejemplo tenemos el marco lógico, el plan operativo y el sistema de monitoreo y evaluación.

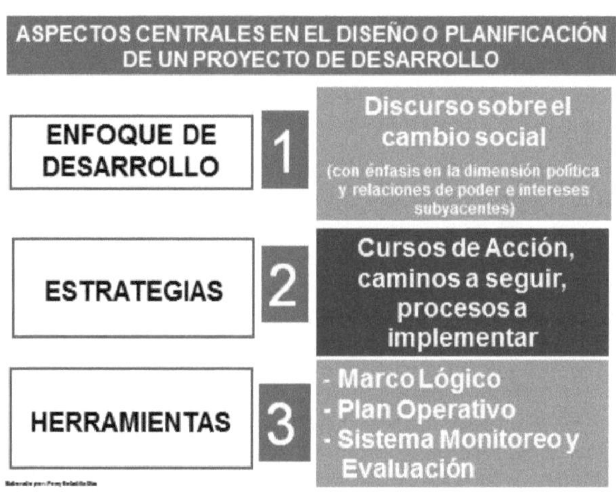

El diseño y ejecución de programas y proyectos suele ser un proceso complejo, el cual presenta una serie de retos y desafíos, los mismos que deben ser contemplados de manera rigurosa desde la concepción mismas hasta la implementación del programa o proyecto. Los criterios a los que nos referimos son: integralidad, articulación, multidisciplinariedad y sostenibilidad.

*Fuente: elaboración propia.

Cada una de estas características deben ser contempladas en la formulación de un programa o proyecto, las mismas que permitirán incorporar - además del valor público que debe existir en el diseño mismo de la intervención para asegurar la consecución de cambios o modificaciones que impacto positivamente en la mejora la calidad de vida de las personas, o en el desarrollo de territorios o comunidades- aspectos que redunden en la viabilidad y eficacia de dichas propuestas desde un enfoque sistémico donde los resultados esperados sean verdaderos impactos o efectos a favor de las poblaciones destinatarias.

Es así que entendemos por **integralidad** a las respuestas que se proponen frente a la diversidad de causas que originan un problema social o de exclusión; problema central además que dará origen al diseño del programa o proyecto.

*Fuente: elaboración propia.

La **articulación** multisectorial se refiere a la co-gestión basada en descentralización y desarrollo territorial; donde los diversos tipos de programas o proyectos deben ser articulados alrededor de una problemática social mayor que permita revertir las multicausalidades que caracteriza su origen o existencia. En ese sentido, la posibilidad de revertir brechas sociales de inequidad, pobreza y exclusión sólo es viable cuando se atacan las diferentes aristas que permiten su aparición convirtiendo a determinadas problemáticas en estructurales que no pueden ser superadas a partir de la solución parcial de algunas de sus causas.

En ese sentido, la co-gestión entre diversos actores y/o sectores con responsabilidad debidamente delimitadas a partir de las competencias o funciones que detenten; es el camino más eficiente hacia la superación de problemas sociales complejos hacia una real sostenibilidad de los cambios que se esperan lograr. Se debe señalar que un actor más en esta co-gestión se convierte la propia población destinataria del proyecto, lo que contribuye directamente a la sostenibilidad de las mejoras o cambios que se puedan conseguir.

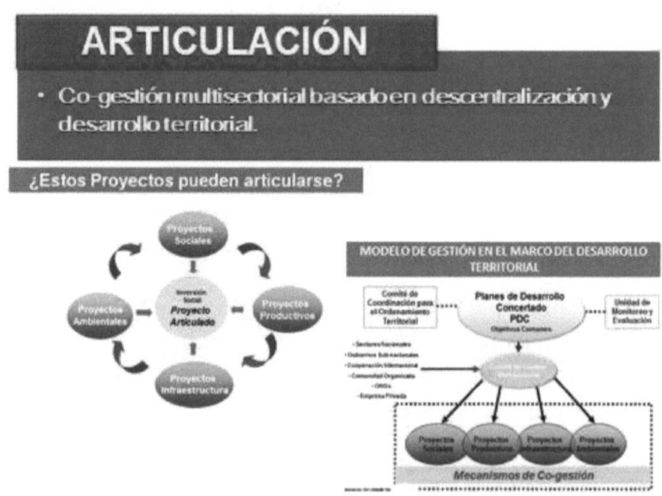

*Fuente: elaboración propia.

La **multidisciplinariedad** que debe asegurar el contar con las capacidades y competencias para resolver problemas sociales complejos de manera estructural. Esto nos lleva a la necesidad de buscar la convergencia de diversas disciplinas para encontrar las mejores alternativas de solución de los problemas identificados. Se reitera problemas sociales que no necesariamente corresponden a una temática o sector aislado, sino que se original por una multiplicidad de causas que necesariamente deben ser enfrentados con el conocimiento, investigación y experiencia profesional de distintas ciencias.

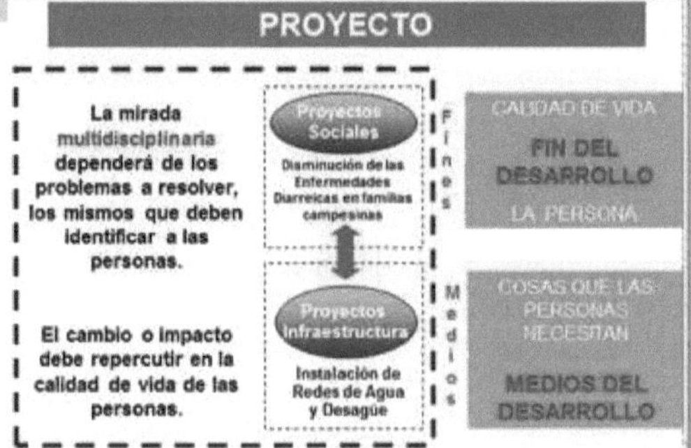

*Fuente: elaboración propia.

Finalmente la **sostenibilidad que demanda desde el diseño del programa o proyecto** considerar los efectos e impactos que aseguran que se ejecute una propuesta que tenga una solución estructural e integral a un determinado problema, toda vez que se interviene para lograr la mejora de la calidad de vida de las personas. Cuando se habla de sostenibilidad nos referimos a la política, económica, ambiental y socio-cultural.

*Fuente: elaboración propia.

Capítulo 2

Características y Conceptos básicos de los programas y proyectos

2.1 Definición y características de los programas o proyectos de desarrollo

Los proyectos son propuestas de cambio que se ejecutan o implementan en un contexto social determinado. Dichas propuestas deben definir un discurso que permita a los ejecutores interpretar y entender la realidad en la cual desean intervenir y debe estar orientado a apoyar o ayudar directa o indirectamente a terceras personas o grupos.

Al presentar esta definición, se considera necesario hacer las siguientes aclaraciones en relación a lo que entendemos por propuestas de cambio, discursos del desarrollo y el grupo objetivo al cual está orientado el proyecto.

a. Al señalar que el proyecto es una ***propuesta de cambio*** que se ejecuta o implementa en un determinado contexto social, hacemos referencia a que todo esfuerzo de intervención debe definir inicialmente qué tipos de cambios o modificaciones desea alcanzar. Es decir nadie diseña y ejecuta un proyecto para mantener determinada situación tal y como la encontró. Es claro entonces, que el que diseña un proyecto tiene que tomar conciencia que dicha propuesta afectará intereses, formas de vida, patrones culturales y materiales de existencia; que un grupo o sector desea cambiar por considerarlo inadecuado, inequitativo o injusto para otro sector social.

   Al implementar una propuesta de cambio (proyecto) es natural que encuentre en la realidad en la que interviene diversos tipos de resistencia social; tangibles o intangibles, simbólicas o materiales. Todo ello debido a que el problema que el proyecto espera enfrentra un curso de acción construido históricamente y se constituye en un sistema de reglas que determinada población o grupo va a defender ya sea por costumbre o tradición, o por qué sus percepciones o modelos mentales no les permiten entender el problema que el proyecto quiere revertir y las condiciones supuestamente positivas que trae consigo.

   Se hace evidente entonces una tensión entre la propuesta del proyecto y la realidad social que es diagnosticada como limitante para el desarrollo de una comunidad. Esta tensión ha sido discutida dentro del campo de las ciencias sociales desde diversas vertientes; algunos entendidos evalúan estas propuestas como algo negativo, en la cual el proyecto trae consigo un modelo de desarrollo contrario o ajeno a la cultura o tradición del grupo objetivo al cual se dirige la propuesta[17]. Otros más bien consideran que los proyectos al partir de diagnósticos serios e incorporar enfoques como la interculturalidad género, ciudadanía, empoderamiento, etc. enriquecen la propuesta respondiendo mejor a las necesidades de la comunidad destinataria del proyecto.

---

[17] Para mayor referencia ver el Libro de Rist, Gilbert. XXXX,

Lo cierto es que los movimientos feministas, de jóvenes, de infancia, de adultos mayores, discapacitados, ecologistas, homosexuales o hasta los movimientos de microempresarios; todos ellos han enfrentado más o menos resistencias y sus proyectos han tenido que pasar múltiples barreras institucionales para que tengan incidencia política y un protagonismo en la opinión pública. Tal vez la resistencia social que han sufrido y vienen sufriendo estos grupos organizados es una prueba tangible de cómo una propuesta alcanza legitimidad y aceptación en el imaginario colectivo, no producto de las circunstancias o el azar; sino por el enorme esfuerzo y costo social que implicó su ejecución, promoción y los resultados alcanzados.

Es ahí donde radica el sentido social y político del proyecto puesto que los cambios se producen en las relaciones sociales de los individuos y en sus formas de actuar.

b. Un proyecto debe definir un *discurso* que permita interpretar y definir el modelo de desarrollo que orientará la acción de los que ejecutan el proyecto. Este marco de interpretación de la realidad sustenta y justifica la práctica de los ejecutores otorgándole así un sentido y significado a su acción.

El propósito de este esfuerzo es evitar respuestas reactivas, rutinarias, o poco claras del por qué y las razones que están detrás de la ejecución de los proyectos públicos o privados. En ese sentido, dicho discurso intenta ir más allá del sentido común de los individuos involucrados en un proyecto; ya que les permite a los impulsores de la propuesta explicar con mayor claridad las causas del problema que buscan superar.

Con ello, se espera convencer -mediante el diálogo y el debate- a los que se "resisten al cambio"; de lo contrario, el marco de reflexión de estos últimos, en los cuales también se maneja un discurso sobre el por qué mantener las cosas tal cual están (construidos socio-históricamente) puede revertir y limitar los esfuerzos de quienes están buscando una mejora en determinada realidad.

Es común escuchar a los ejecutores de proyectos públicos y privados, que a pesar de firmar convenios, la población destinataria no cumple con los acuerdos o no están dispuestos a participar de manera activa en la gestión de un proyecto. Por el contrario, buscan indirecta o directamente que el proyecto no conseguida los resultados esperados. Esto se produce porque las personas no han comprendido las motivaciones que impulsan a la implementación del proyecto, y lo que es peor en ese discurso de desarrollo no se ha incorporado el contexto cultural y/o la realidad que vive determinada población.

El discurso del desarrollo que impulsa una organización pública o privada debe basarse en la retroalimentación de lo académico con la realidad empírica; en la cual se ponga de manifiesto se ponga de manifiesto un esfuerzo de adaptación mutua, de intercambio cultural, de saberes y conocimientos de profesionales y población objetivo de los proyectos. Si las personas involucradas reconocemos el por qué y para qué de estos esfuerzos, entonces la posibilidad que existan compromisos compartidos se incrementará notablemente generándose un capital social que promoverá reglas de juego que promuevan confianza en la interacciones que nazcan de dichos proyectos.

Este es el desafío principal y la necesidad central que permite justificar y fundamentar el por qué determinadas organizaciones públicas y privadas desea ejecutar un proyecto de desarrollo; y no solamente sustentar la inversión que realicen en la viabilidad económica del mismo o en la cobertura que este tenga en una realidad determinada.

Es importante evidenciar además el valor público que tiene la propuesta en función de las necesidades satisfechas de la población objetivo; en donde los enfoques vinculados al desarrollo de capacidades, la equidad y la inclusión son aspectos centrales en todo proyecto de inversión social; los que encuentran marcos teóricos propicios en los enfoques de género, ciudadanía, interculturalidad, ambiente o el desarrollo humano.

La forma como se cristalizan estos enfoques de desarrollo, cuya función como se ha mencionado es de carácter interpretativo, se realiza a través de las denominadas hipótesis de acción, las cuales evidencian que los proyectos también pueden ser considerados como un conjunto de supuestos que se irán verificando con su implementación.

Son tres componentes los que conforman una hipótesis de acción[18].

- Identificación del problema sobre el cual se va a intervenir (diagnóstico)
- Definición de los objetivos que traducen los cambios (marco lógico)
- Estrategias de acción que permiten conseguir dichos cambios (líneas de acción).

c. Un proyecto está orientado a ayudar o apoyar a **terceras personas o grupo**s. Esto hace referencia a que las propuestas de cambio han sido diseñadas para favorecer a grupos sociales considerados excluidos y que viven en condiciones de inequidad, marginación y pobreza.

Es cierto que en los últimos años la población objetivo de los proyectos ha dejado de tratada exclusivamente como grupo beneficiario, es decir receptor pasivo de las propuestas que plantean agentes externos a la comunidad. Por el contrario, la población objetivo del proyecto ha venido siendo considerada como socio estratégico del mismo; donde la asunción de diversos roles de acuerdo a competencias y experiencia social les permite ubicarse con un nivel

---

18 Estos aspectos serán trabajados en el capítulo correspondiente a la Metodología para el Diseño de Proyectos.

de protagonismo en alguna etapa del ciclo del proyecto (diseño, ejecución y evaluación).

La hipótesis central que moviliza los esfuerzos de quienes promueven estos proyectos es que, a mayor involucramiento de la comunidad en su diseño y gestión, habrá mayores probabilidades que la propuesta sea sostenible.

En conclusión, el proyecto de desarrollo que impulsa una organización pública o privada es una hipótesis de acción que - a partir de determinados enfoques o discursos - busca cambiar o modificar una situación identificada como problema o cómo desaprovechamiento de una oportunidad y; en virtud del cual, se intenta apoyar o ayudar a determinados sectores sociales rurales o urbanos.

A continuación se presenta un gráfico que intenta ilustrar claramente la definición desarrollada párrafos arriba. En dicho gráfico se incluye la herramienta del marco lógico que permite materializar la hipótesis de acción de un proyecto de desarrollo.

Aspectos claves para la formulación de un Proyecto de Desarrollo?

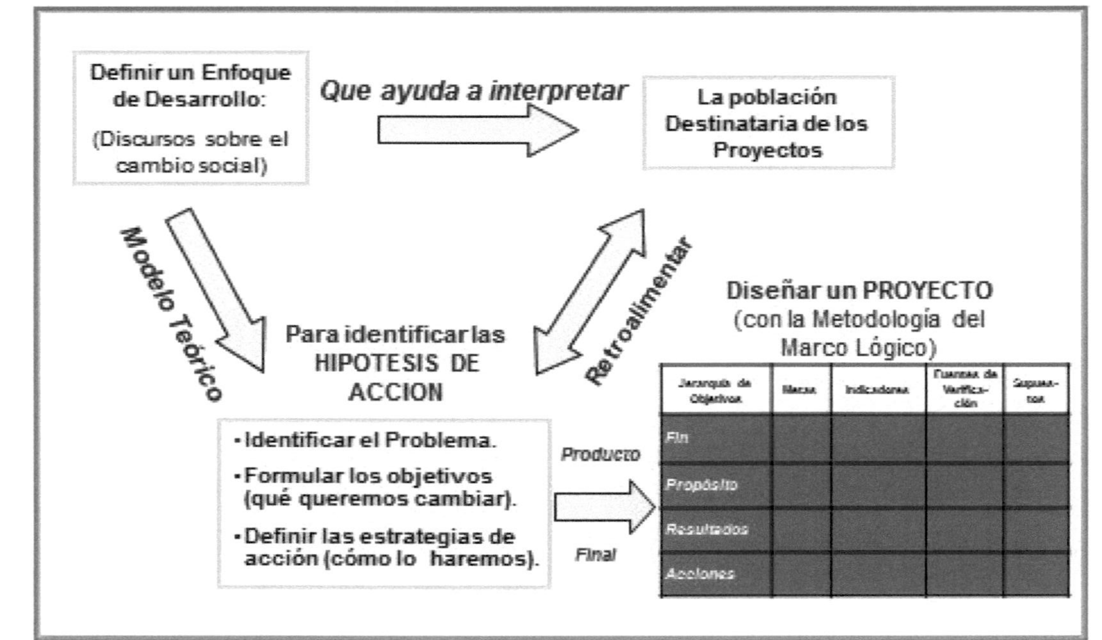

Finalmente, se han recogido algunas definiciones sobre proyectos que consideramos pueden añadir o enriquecer el concepto presentado en este capítulo. Dichas definiciones corresponden a diversos trabajos que han elaborado entidades de cooperación internacional.

Definiciones de *proyecto*

"Proyecto: intervención dentro de un plazo determinado integrada por un conjunto de actividades planificadas y mutuamente relacionadas entre sí para alcanzar objetivos predeterminados".

Fuente: PNUD. Monitoreo y evaluación orientada a la obtención de resultados: manual para los administradores de programas. Nueva York, 1997.

"Un proyecto es un conjunto ordenado de recursos y acciones para obtener un propósito definido. Este propósito se alcanzará en un tiempo y bajo un costo determinado".

Fuente: OIT. *Guía básica para la preparación de perfiles de proyectos.* Buenos Aires, 1991.

"Se entiende por proyecto una tarea innovadora que tiene un objetivo definido, debiendo ser efectuada en un cierto periodo, en una zona geográfica delimitada y para un grupo de beneficiaros, solucionando de esta manera problemas específicos o mejorando una situación (...). La tarea principal es capacitar a las personas e instituciones participantes para que ellas puedan continuar sus labores en forma independiente y resolver por sí mismas los problemas que surjan después de concluir la fase de apoyo externo".

Fuente: *GTS. ZOPP resumido.* Eschborn, s.f.

"Un proyecto es un conjunto autónomo de inversiones, actividades, políticas y medidas institucionales u otra índole, diseñado para lograr un objetivo específico de desarrollo en un período determinado, en una región geográfica delimitada y para un grupo predefinido de beneficiarios, que continúa produciendo bienes y/o presentando servicios tras la retirada del apoyo externo y cuyos efectos perduran una vez finalizada su ejecución".

Fuente: MAE-SECIPI. *Metodología de la evaluación de la cooperación española.* Madrid, 1998.

2.2 Tipos o clasificación de los programas y proyectos

Los proyectos sociales se pueden clasificar de acuerdo a la finalidad y enfoque que los caracteriza y que se expresa en el diseño de sus componentes principales. De este modo, se puede establecer la siguiente clasificación:

- Proyectos sociales: proyectos orientados a que las personas adquieran y fortalezcan derechos, conocimientos, capacidades, salud, inclusión, equidad, respeto a la cultura, igualdad entre varones y mujeres, entre otros.

- Proyectos productivos: orientados a mejorar la productividad en microempresas, cadenas productivas, empleo, ingresos, acceso al mercado, calidad de productos, etc.

- Proyectos de infraestructura: orientados a mejorar canales de riego, puentes, escuelas, infraestructura básica, carreteras hidroeléctricas, etc.

- Proyectos ambientales: orientados a la preservación del medio ambiente, ecológicos, manejo de residuos sólidos, aire limpio, agua limpia, manejo de recursos naturales y de bosques, ecosistemas.

En función de sus objetivos y alcances, los tipos de proyectos mencionados se pueden articular de diversas formas. En el siguiente cuadro se puede apreciar las formas en que estos proyectos se articulan:

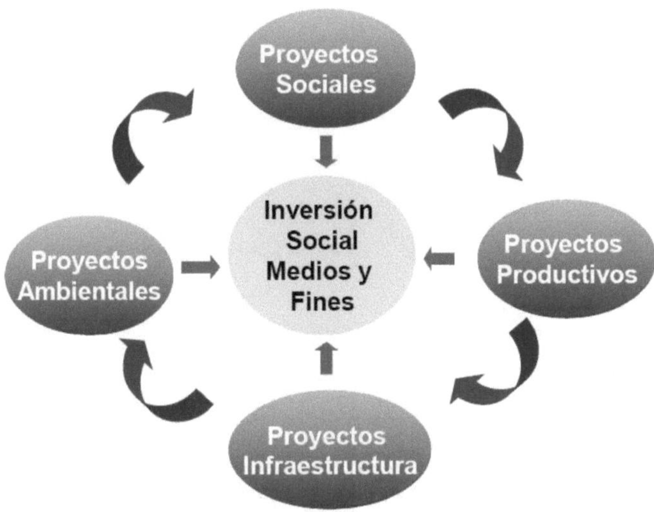

*Fuente: elaboración propia.

2.3 Ciclo de vida del programa/proyecto

Desde la propia concepción de un proyecto de desarrollo hasta la evaluación del mismo, existe todo un proceso que se ha dividido metodológicamente en tres fases o etapas, que conforman el proceso conocido con el nombre de "Ciclo del Proyecto". Estas fases son:

- formulación de la propuesta,
- implementación y
- evaluación.

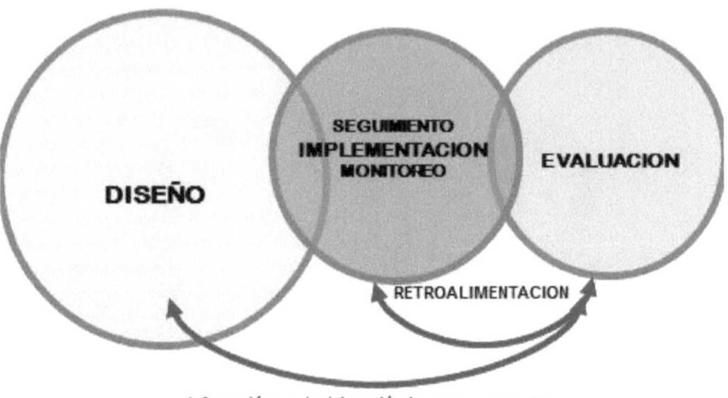

Gráfico adaptado por el autor de la versión creada por FRÜHE, Martí (1993). En: Franja, Boletín Informativo. Lima: Escuela para el desarrollo.

Las etapas de este ciclo constituyen una forma de organización u ordenamiento de las diversas acciones que subyacen en todo trabajo por el desarrollo, dentro de las cuales el proyecto solo es el inicio de una serie de estrategias de más largo aliento y de gran complejidad. Veamos brevemente cómo se conforma cada una de las etapas definidas en el ciclo del proyecto.

Etapa Nº 1: DISEÑO DEL PROYECTO

Es la fase inicial para la concepción de un proyecto de desarrollo, en la cual se incluye el análisis de los problemas a enfrentar, la identificación de las potencialidades y capacidades de la población objetivo, así como la elaboración consensuada entre todas las partes de una lógica de intervención (el proyecto) expresadas en objetivos, actividades, estrategias y metas.

Esta etapa implica los siguientes pasos.

1. *Definir el enfoque de desarrollo:* tener un discurso sobre el cambio social resulta imprescindible en la formulación de proyectos. Este discurso debe contemplar: 1) una apuesta técnica, 2) una apuesta política y 3) una apuesta utópica. Los enfoques de desarrollo necesitan de medios para lograr los cambios esperados y están directamente relacionados con posiciones ideológicas.

2. *Identificar y priorizar los problemas principales:* se refiere al análisis de la situación que el proyecto social se propone modificar. Se identifican los problemas que afectan a la población y se priorizan aquellos que estamos en capacidad de solucionar y que sean realmente los que representen las necesidades sentidas de los destinatarios; se ve también el nivel de involucramiento (participación e inclusión) de estos en el proyecto.

3. **_Identificar y priorizar las potencialidades y capacidades de la población objetivo:_** se busca con esto no solo tener una visión de los problemas a enfrentar, sino también identificar las oportunidades (potencialidades) que el entorno presenta, así como las fortalezas (capacidades) con las que cuenta la población directa o indirectamente involucrada para resolver los problemas identificados.

4. **_Elaboración de objetivos_**: con la información obtenida de los pasos anteriores, se procede a identificar los cambios o modificaciones que el proyecto espera lograr, formulándolos de forma jerárquica y lógica; con ello se busca organizar coherentemente la ejecución del proyecto de desarrollo.

5. **_Diseñar las líneas de acción (estrategias):_** se formulan las estrategias de intervención, identificando los medios recurrentes que acompañarán al proyecto durante toda su vida; así, se definirá la manera o forma como adaptaremos los recursos y habilidades con los que contamos para hacer frente al entorno cambiante y, en consecuencia, conseguiremos el logro de los objetivos propuestos en el proyecto de desarrollo.

6. **_Elaboración del presupuesto_**: es imprescindible el análisis de los costos de la intervención que estamos proponiendo, ya que de ello depende la continuidad de todas las acciones que se propongan para el logro de los objetivos del proyecto. Así, los costos deberán resultar de la estimación de cada una de las actividades planificadas por cada objetivo. Estos costos son calculados considerando el período completo de la ejecución del proyecto.

7. **_Evaluación ex – ante:_** con este tipo de evaluación se busca analizar el diseño del proyecto considerando principalmente criterios de consistencia metodológica y viabilidad técnica en concordancia con la realidad social en la cual el proyecto pretende intervenir.

Etapa Nº 2: IMPLEMENTACIÓN

Esta etapa está referida a la ejecución o puesta en marcha del conjunto de estrategias y acciones definidas para la consecución o logro de los cambios esperados por el proyecto. Es fundamental ya que permite verificar las hipótesis de acción propuestas en el diseño del mismo.

La implementación del proyecto tiene dos aspectos:

1. La **gestión administrativa-financiera**: referida a la gestión de los recursos humanos, materiales, financieros, planificación de actividades y metas.

2. La **ejecución programática**: referida a las actividades de capacitación, asistencia técnica, apoyo a las organizaciones e investigación, entre otras.

Esta primera división del trabajo contribuye a definir la coordinación de funciones, competencias y responsabilidades. Así, la definición de una estructura orgánica y procedimientos claros, tanto administrativos-financieros como programáticos, son elementos fundamentales para la gestión eficiente y eficaz del proyecto. No debe promoverse la desarticulación entre la lógica de la función administrativa y la lógica de la función programática; si bien cada una de ellas tiene sus propias particularidades y exigencias, estas deben buscar un nivel óptimo de coordinación y confluencia de intereses y expectativas.

Finalmente, durante esta etapa de implementación, el **monitoreo o seguimiento** de actividades es una herramienta clave para conocer el cumplimiento o avance de las metas planificadas de acuerdo con el plan operativo anual, definido para la ejecución del proyecto. La función del monitoreo tiene como característica ser una actividad permanente que se realiza continuamente y permite contar con información válida para formular los ajustes o reorientaciones a nivel de acciones, metas e, incluso, de ser necesario, a nivel de estrategias, para que el proyecto pueda cumplir con los objetivos propuestos en su etapa de diseño.

Etapa Nº 3: EVALUACIÓN

La evaluación es un proceso que busca determinar de forma periódica, sistemática y objetiva la pertinencia, eficacia, eficiencia e impacto de un proyecto social con relación al logro de los objetivos planteados en la etapa del diseño.

La evaluación dentro del ciclo del proyecto contempla tres niveles. El primer nivel, la evaluación *ex-ante*, se realiza en la etapa inicial del ciclo: el diseño del proyecto, en la cual, como ya se ha mencionado, se busca evaluar la consistencia y viabilidad técnica de la propuesta formulada.

El segundo y tercer nivel está referido a la evaluación del proceso y a la evaluación *ex-post* o de impacto, respectivamente:

1. **La evaluación del proceso** busca conocer el logro de los objetivos del proyecto (objetivo general o propósito, y objetivos específicos o resultados).

2. **La evaluación *ex-post*** mide y analiza los logros de los cambios esperados en el propósito u objetivo general del proyecto, y su correspondiente sostenibilidad en el tiempo una vez que este ha terminado y ha sido asumido por la población objetivo.

Finalmente, un elemento primordial que acompaña todas las etapas del ciclo de un proyecto social es la **retroalimentación,** que debe existir no solo para mejorar o enriquecer las acciones y los resultados con la ejecución de dicho proyecto, sino también para contar con insumos que permitan la elaboración de nuevas propuestas de intervención.

La información obtenida principalmente en la etapa de la evaluación, tanto a nivel de proceso como la *ex-post*, permite mejorar y reorientar el trabajo que estamos llevando a cabo en la etapa de implementación (áreas administrativa y programática). Si la información producida proviene de la evaluación de proceso, dicho conocimiento servirá para mejorar y reorientar la ejecución del proyecto; en cambio, si la información proviene de la evaluación *ex-post*, servirá principalmente para el diseño de nuevos proyectos.

EL CICLO DEL PROYECTO

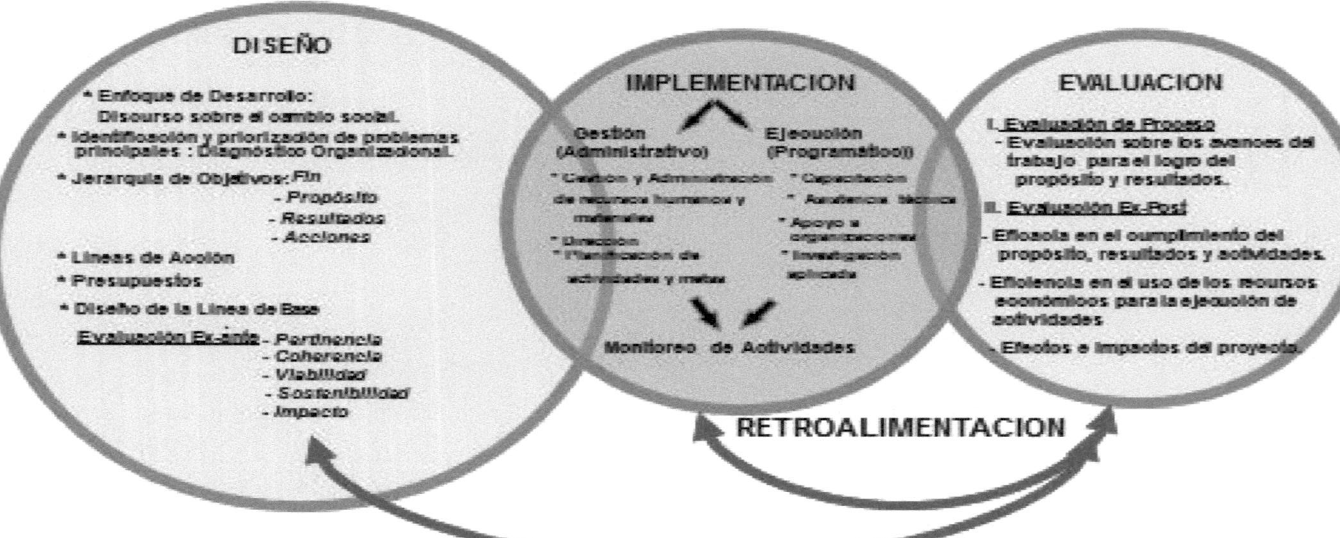

Información para la elaboración de nuevos proyectos

Gráfico adaptado de la versión creado por FRANKE, Marfil (1993). En: Pareja, Boletín Informativo. Lima: Escuela para el desarrollo.

2.4 Justificación de los Programas y Proyectos: El Enfoque de Desarrollo.

En el mundo de los programas y proyectos se requiere contar con un enfoque de desarrollo, discurso de cambio social o marco ideológico que otorga sentido y significado a la práctica de las organizaciones públicas y privadas cuando tienen la responsabilidad de ejecutar propuestas (Proyectos) para revertir o modificar la pobreza y exclusión en todas sus formas.

Este discurso o enfoque de desarrollo:

- Ayuda a legitimar la inversión en proyectos de desarrollo.

- Justifica la intervención de actores en la gestión de bienes públicos y semi-públicos frente a los grupos destinatarios.

- Nos permite entender el por qué es necesario un cambio o no en la vida de las personas.

- Permite contrarrestar posiciones para esclarecer si los diversos enfoques pueden ser complementarios o contradictorios a los fines que persigue el proyecto.

- Permite analizar e interpretar las realidades sociales para mejorar nuestras intervenciones y conocer el sentido y significado de nuestra acción.

Existen distintos enfoques o discursos que han caracterizado el diseño de un proyecto, todos estos evolucionando o adaptándose a partir de los cambios y retos que la globalización y el mundo moderno trae consigo. Es así que podemos mencionar, entre otros al:

- ***Enfoque de Crecimiento Económico Mediante la Productividad***, caracterizado por el aumento del rendimiento del esfuerzo, la reducción del sacrificio que hay que hacer para lograr las cosas que necesitamos; y cuyo fin principal es superar la escasez de productos por medio del crecimiento *per cápita* y el desarrollo tecnológico.

- ***Enfoque de Equidad***, donde se releva el crecimiento del producto per cápita y busca la distribución equitativa de la riqueza.

- ***Enfoque de Necesidades Básicas***, donde se comienza a vislumbrar con mayor claridad que el fin de la actividad económica del ser humano es la calidad de vida. La solución para superar problemas de pobreza parte de la dotación de los servicios y recursos a las personas mejorando de esa manera su calidad de vida.

- ***Enfoque de Desarrollo Sostenible***, el cual busca *"el mejoramiento de la calidad de vida y la ampliación de las capacidades humanas que permitan satisfacer las necesidades de las actuales y futuras generaciones mediante acciones económicamente rentables, socialmente justas y ecológicamente equilibradas".*[19]

Asimismo, uno de los enfoques de desarrollo con impacto que los programas y proyectos contemplan en su diseño, es el de Desarrollo Humano del Premio Nobel Amartya Sen.   Por otro lado, se encuentra en la actualidad el discurso de responsabilidad social y valor compartido que permiten dar mayor fuerza a la importancia de vislumbrar como eje principal el desarrollo de la persona en las propuestas de cambio que se buscan impulsar con los programas y proyectos. Ambos enfoques o discursos se explican con mayor detalle a continuación.

Enfoque de desarrollo humano

Es importante entonces explicar los planteamientos básicos del enfoque de desarrollo humano propuesto por el economista indio Amartya Sen[20]. Según Sen, el desarrollo implica un proceso de expansión de las libertadas humanas del cual disponen los individuos a través del fortalecimiento de sus capacidades, el mejoramiento de sus desempeños y la ampliación de redes de protección social. Para el autor la expansión de la libertad constituye: i) el fin primordial del desarrollo (papel constitutivo) y ii) el medio principal del desarrollo (papel instrumental).

En relación al papel constitutivo, pone énfasis en las libertades fundamentales que las personas tienen para enriquecer su vida humana, en las cuales destacan las capacidades para evitar privaciones como por ejemplo la inanición, la desnutrición, la morbilidad evitable y la mortalidad prematura. Destacan las libertades relacionadas a la capacidad de leer y escribir, así como la participación política y la libertad de expresión, etc. Es entonces la capacidad para ejercer, ser o hacer.

En relación al papel instrumental, se hace referencia a los diferentes tipos de derechos y oportunidades que facilitan y permiten la expansión de la libertad de la persona en general y contribuir así al desarrollo. Entre los tipos de libertades a las que hacemos referencia se encuentran las libertades políticas: oportunidades que tienen para decidir quién los debe gobernar; los servicios económicos: oportunidades para utilizar recursos económicos para producir, consumir y realizar intercambios; las oportunidades sociales son las referidas a los sistemas de educación, sanidad, etc.; las garantías de transparencia referidas a la necesidad de franqueza y difusión de información; y finalmente la seguridad protectora relacionadas a los mecanismos institucionales fijos como las prestaciones por desempleo, ayudas económicas para indigentes, programas sociales para grupos vulnerables, etc.

---

[19] Construyamos ciudadanía y un hábitat más humano". Plataforma de Contrapartes NOVIB en el Perú. Lima 1996

[20] **Amartya Sen.** Desarrollo y Libertad. Introducción: El desarrollo como Libertad (Página 19 a 28) y Capítulo 2: Los Fines y los medios del desarrollo (Paginas 54 a 75). Barcelona, 2000.

La tesis central de Sen plantea que las libertades instrumentales mejoran directamente las capacidades de los individuos y tienen un impacto positivo en el crecimiento económico. El enfoque de desarrollo humano, en ese sentido, pone como centro de atención a la persona, la cual se constituye como el fin fundamental de todos los esfuerzos que hacen las organizaciones públicas y privadas para promover el bienestar, la inclusión y la equidad social en todas sus formas.

En el caso de los programas y proyectos que se diseñan y ejecutan, estos deben priorizar a nivel de sus objetivos cambios sociales en las personas; y no poner el énfasis en los medios del desarrollo; como lo son la infraestructura, la capacitación, asistencia técnica, acceso a mercados, cadenas productivas; todos estos aspectos son fundamentales, pero constituyen el medio del desarrollo y no el fin. Por ejemplo, en el caso de un proyecto de infraestructura de agua y saneamiento el propósito principal no es un "sistema de agua y desagüe funcionando" sino cómo ésta infraestructura mejora los hábitos saludables de las personas y reduce enfermedades como las EDAS o toda enfermedad que tiene relación con el uso y consumo inadecuado del agua.

Un programa o proyecto de desarrollo para justificar la intervención a nivel económico y frente a otros actores, tiene no solo que analizar la factibilidad o viabilidad socio-económica del mismo; sino debiera construir un discurso teórico capaz de explicar el por qué es necesario ese cambio y las implicancias que este tiene para todas las personas o grupos sociales involucrados en el proyecto. Sin esa justificación, los actores involucrados directos o indirectos no entenderían la razón por la cual el proyecto se debe implementar, por más que el cálculo económico indique que este es viable y por lo tanto se aprueba su ejecución.

La manera de comunicar el proyecto a dichos actores, es la de invitarlos y persuadirlos para comprometerlos en su ejecución y garantizar así su sostenibilidad la cual dependerá de la claridad que tenga el discurso en transmitir las ideas y conceptos que permiten entender la realidad e identificar la mejor manera de intervenir para resolver los problemas que afectan a las personas.

Es vital entonces que los gerentes sociales manejen la teoría que explica el fenómeno social en el cual intervienen. Sin la teoría del desarrollo o discurso de cambio social, su práctica es estéril, carece de sentido y significado.

Si un programa o proyecto logra explicitar su razón de ser y hacer a través de un discurso de desarrollo que lo justifica, entonces necesita de un mecanismo que le permita traducir dichos enfoques en prácticas rigurosas. Es ahí donde aparece la estrategia como medio central que ayude a los programas o proyectos a la consecución de sus objetivos.

Enfoque de responsabilidad social y valor compartido

Las constantes crisis económicas en distintos mercados a nivel mundial dejan claro que el modelo económico aplicado no está brindando los resultados esperados, tanto sociales como económicos. El abandono por parte del Estado para asumir de manera efectiva su misión de proteger el interés colectivo en campos estratégicos; la poca ética en la conducta de altos ejecutivos financieros; los evidentes sesgos de las agencias calificadoras de riesgos; el pensamiento neoclásico en relación a que toda mejora social impone un límite a las corporaciones, así como las externalidades generadas por partes de las empresas, son algunos de los principales problemas que se buscan solucionar para lograr un desarrollo integral.

La búsqueda de un cambio en la Responsabilidad Social Empresarial es un primer paso para solucionar algunas de las trabas existentes. Políticas de personal que respeten los derechos de los integrantes de la empresa y favorezcan su desarrollo; transparencia y buen gobierno corporativo; juego limpio con el consumidor; políticas activas de protección del medio ambiente; integración a los grandes temas que hacen al bienestar común y no practicar un doble código de ética, son los puntos que nos tocan Amartya Sen y Bernardo Kliksberg en su publicación ´´Primero la gente´´, convirtiéndolos en los ejes en los cuales debería descansar el cambio. Todos estos factores se ven plasmados de manera conjunta en la propuesta sobre la creación de valor compartido planteada por Micheal Porter y Mark Kramer.

El valor compartido puede entenderse como políticas y prácticas operacionales que ayudan a mejorar la competitividad de una empresa y al mismo tiempo mejorar las condiciones económicas y sociales en la comunidad donde operan. La competitividad de una empresa y el bienestar de las comunidades (en las cuales estas se desarrollan) están inter-relacionadas, es por esto que surge la necesidad de equiparar el desarrollo social con el económico. Una de las maneras de lograr esto es a través de principios enfocados en valor para abordar el progreso socioeconómico, este valor a diferencia del ya establecido se define por los beneficios en relación con los costos.

Este valor compartido como expresión de la responsabilidad social se puede crear de tres formas distintas. La primera de ellas es re concebir productos y mercados, esta se da a través del reconocimiento de las necesidades de la sociedad tales como: salud, mejores viviendas, mejor nutrición, ayuda para la tercera edad, mayor seguridad financiera, menos daño ambiental. La demanda por productos y servicios que satisfagan las necesidades de la sociedad crece rápidamente. Las empresas de alimentos que tradicionalmente se concentraron en el sabor y la cantidad para impulsar más y más consumo se están reenfocando en la necesidad fundamental de una mejor nutrición, para dar un ejemplo; disminuir o acabar con el límite entre organizaciones con y sin fin de lucro, el concepto de valor compartido difumina la línea entre ambos tipos de organizaciones; atreviéndose a incursionar en una oferta de productos apropiados a consumidores desaventajados y de menores o bajos ingresos.

La segunda es redefinir la productividad en cadena de valor debido a que los problemas de la sociedad pueden crear costos económicos para la empresa. Es por ello que el uso de la energía y logística, el uso de recursos, el abastecimiento, la distribución, la productividad de los empleados y ubicación están siendo re examinados. Por ejemplo, envíos resultan caros a empresas no solo en términos de energía y emisiones sino en tiempo, complejidad, etc. Los sistemas logísticos están empezando a ser rediseñados para reducir las distancias de los envíos, optimizar la tramitación, mejorar las rutas de los vehículos; la elevada conciencia ambiental y los avances en tecnología están catalizando nuevos enfoques en áreas como la utilización del agua, las materias primas, los empaques, la expansión del reciclaje y la reutilización; están empezando a entenderse que los proveedores marginalizados no pueden mantenerse productivos ni sostenibles, y mucho menos mejorar, su calidad.

Al elevar su acceso a los insumos, compartir tecnología y ofrecer financiamiento, las empresas pueden mejorar la productividad y la calidad del proveedor a la vez que se aseguran el acceso a un volumen mayor; los nuevos modelos rentables de distribución también generar efectos positivos en la productividad, en el salario, la seguridad, el bienestar, la capacitación y las oportunidades de desarrollo para los empleados. De modo similar, el microcrédito ha creado un nuevo modelo rentable para distribuir servicios financieros a las empresas pequeñas.

La tercera forma de crear valor compartido es permitiendo el desarrollo de clusters locales. Los clusters o concentraciones geográficas de firmas, empresas relacionadas, proveedores de productos y servicios e infraestructura logística en un área particular; son prominentes en todas las economías regionales que crecen y tienen éxito, además de jugar un papel crucial en el aumento de la productividad, la innovación y la competitividad.

Existe una generación de emprendedores sociales que están compartiendo la responsabilidad de encontrar solución a los problemas sociales con las empresas. Aventurándose en nuevos conceptos de productos que cumplan con las necesidades sociales usando modelos de negocios viables.

Las empresas sociales que crean valor compartido pueden escalar más rápidamente que los programas o proyectos con enfoque de subsidio o asistencial, los que suelen ser incapaces de crecer y volverse sostenibles. Esta propuesta incluso contribuiría a potenciar los impactos y efectos que busquen lograr programas y proyectos diseñados e implementados con un enfoque empoderamiento o desarrollo de capacidades de la población objetivo.

El verdadero emprendimiento social debería ser medido por su capacidad de crear valor compartido, donde todos los actores involucrados obtengan de alguna manera los beneficios para construir un desarrollo humano sostenible.

En ese marco todo gerente social debe tener en cuenta cuando se diseñe una intervención (programa o proyecto) la dimensión integral de ésta, identificando claramente la realidad social, económica, cultural y política donde las necesidades existentes de unos debieran articularse con las capacidades y oportunidades de otros; buscando mejoras en las distintas situaciones o realidades de los territorios o espacios donde existimos.

2.3 Formulación del Enfoque de Desarrollo de un Programa o Proyecto

A continuación se presentan los cuatro pasos metodológicos propuestos para la construcción o formulación del enfoque de desarrollo que sustenta o justifica el diseño de un programa y proyecto:

Paso 1: Identificar el tema o aspecto de determinada problemática o limitación en el cual intervendrá el proyecto.

Ejemplo: Salud Materno-Infantil

Paso 2: Conocer las características sociales, políticas y económicas de la población objetivo a la cual se dirigirá el proyecto (caracterización de la población objetivo directa).

Ejemplo:
- Niños y niñas de 0 a 3 años de familias rurales en distritos de extrema pobreza…
- Madres (adolescentes y adultas) gestantes y no gestantes con hijos entre 0 y 3 años de zona rural de extrema pobreza

Paso 3: Identificar que planteamiento teórico-académico es el más útil como orientación inspiradora para la formulación del proyecto.

Ejemplo:
- Desarrollo de Capacidades
- Desarrollo Humano Sostenible
- Inclusión social

Paso 4:   Redactar de manera narrativa el marco interpretativo bajo el cual se orientará la ejecución del proyecto tomando para ello la problemática, la población objetivo y los marcos teóricos identificados en el paso anterior.

Ejemplo:

La Salud materno-infantil en la sierra del Perú cobra vital importancia toda vez que tiene una relación directa con el crecimiento de las nuevas generaciones. Es ahí donde la niñez debe contar principalmente con las bases de protección y cuidado para contribuir a su propio desarrollo humano en el marco de una sociedad inclusiva y equitativa.

El discurso que contempla el proyecto se base en el desarrollo humano sostenible de este grupo objetivo, donde el desarrollo de capacidades de mujeres adolescentes y adultas es fundamental en materia de cuidado y salud de sus niños y niñas. El desarrollo de capacidades al que nos referimos está vinculado al conocimiento y apropiación de modos de vida vinculados a la salud infantil que contribuyan junto con otros aspectos sociales y económicos a sentar las bases necesarias para el crecimiento y desenvolvimiento de nuestra niñez que vive en condiciones de extrema pobreza y marginación.

Sin embargo, no solo basta el desarrollo de capacidades en términos de conocimientos y habilidades para el cuidado de la salud infantil, sino también eliminar las barreras de exclusión que existen para acceder a servicios de salud que permitan a estas poblaciones estar incluidas sin excepción. Las barreras a las que nos referimos no son únicamente económicas, sino de acceso por aspectos geográficos o territoriales, por baja calidad en la entrega de estos servicios, etc.........

Capítulo 3

Marco Metodológico para la formulación de programas o proyectos de desarrollo

3.1. El diagnóstico: identificación de la problemática que da origen al diseño de un programa o proyecto.

En esta sección se trabaja la elaboración del diagnóstico que justifica la formulación de un programa o proyecto de desarrollo. En ese marco los componentes o aspectos que contempla dicho diagnóstico son: i) la identificación del problema central, ii) análisis de causalidad para construir el árbol de problemas, iii) priorización de las capacidades y oportunidades de la población objetivo o destinataria, y iv) análisis de condiciones de viabilidad a partir de las alternativas identificadas.

Todos estos componentes trabajados en el diagnóstico son insumos fundamentales para el diseño de la primera columna del marco lógico de un programa o proyecto. Mayor desarrollo de la articulación del diagnóstico y la formulación del marco lógico se presenta en la sección 3.2.

a) Identificación y análisis del problema central

Esta es una herramienta que sirve para conocer de manera participativa la magnitud y el alcance de las limitaciones o dificultades que sufre determinado grupo social y que no le permite alcanzar mejores niveles de vida.

Su utilidad radica en la identificación de todos los problemas que pueden existir en una realidad social. Estos problemas deben estar vinculados con un tema específico o con una situación determinada con la finalidad de contar con información coherente y articulada a una misma problemática, y no obtener resultados dispersos que abarquen diversos campos de acción. Por ejemplo, si se pretende formular un árbol de problemas en relación con el tema de la salud, los problemas que se identifiquen deberán plantearse en torno a dicho tema y no podrán considerarse aquellas otras limitaciones o dificultades que pueda tener un grupo social referidas a la agricultura, el transporte, etc.

Cuando se refiere a la identificación de *todos* los problemas sobre un tema o situación determinada, se busca obtener información que permita realizar un análisis y reflexión utilizando el concepto de causa – efecto, es decir, diferenciar claramente el problema central de sus orígenes y consecuencias.

Con ello, pretendemos conocer las diferentes dimensiones que tiene un problema social y no verlo de manera unidimensional, es decir, que su identificación, análisis e interpretación tiene una causa y, en consecuencia, también tendrá un efecto. En la realidad social, la naturaleza de los problemas y necesidades de la población presenta múltiples causas y efectos difíciles de prever en su totalidad. En este sentido, el análisis y discusión participativa debe permitir conocer los problemas desde sus múltiples dimensiones de causalidad.

Entendemos entonces por *PROBLEMA* a una limitación o carencia de diversa índole que no permite la creación o aprovechamiento de oportunidades y que impiden el desarrollo, crecimiento o fortalecimiento de las personas, sus organizaciones y/o territorios.

¿Cómo se identifica o formula un problema principal o central que de origen al diseño de un programa o proyecto?

Existen cuatros pasos metodológicos que permitirán la identificación rigurosa de un problema central a partir del cual se formulará un programa o proyecto de desarrollo. Estos pasos son:

Paso 1:   Identificar un determinado tema. Por ejemplo: Educación, Salud, Empleo, Discapacidad, Vialidad, Competitividad, entre otros.

Paso 2:   Identificar claramente la población afectada o vulnerable potencialmente destinataria del proyecto.

Paso 3:   Señalar espacio territorial, si es a nivel nacional, a nivel de una región, de un distrito, un barrio, una organización o un gremio.

Paso 4:   Precisar con especificidad la limitación o carencia que se quiere resolver o superar en la población destinataria u objetivo. Evitar las palabras "falta de" y "no hay" o "no existe", porque invisibilizan el problema o carencia.

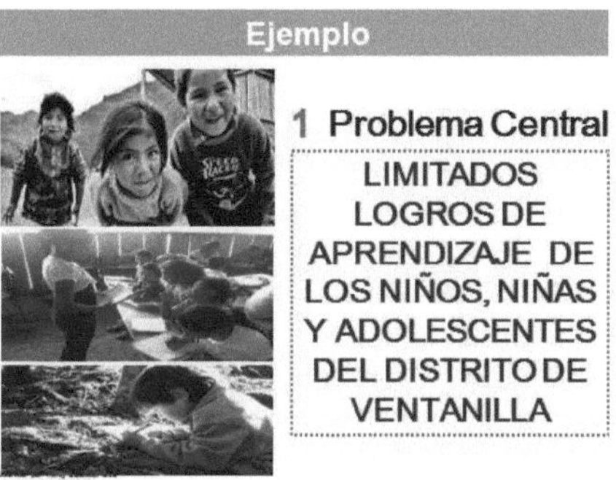

Todo problema debe contar con una justificación para ser priorizado como una limitación o brecha existente. Es por ello que se recomienda realizar un análisis del contexto en el cual se presenta el problema identificado. La pauta metodológica que se recomienda utilizar para dicho análisis se debe centrar en:

a) Identificar y analizar las características socio-culturales que viven las personas, entendemos a las personas como fines del desarrollo. Se refiere a las costumbres, hábitos, formas de pensar y actuar, tipo de relaciones que reproducen. ¿Cuán pertinente es el problema identificado en la realidad en la cual quieren intervenir? ¿Es una necesidad sentida?

b) Identificar y analizar los factores económicos y materiales que se requieren superar o revertir (medios del desarrollo). Con ello se identificará los aspectos materiales y tangibles que deben ser resueltos para generar un cambio social en las personas tales como derechos, equidad, inclusión social, acceso a oportunidades y servicios.

b) Análisis de la causalidad. Técnica del árbol de problemas.

Luego de tener identificado al problema central, es necesario conocer las causas que lo originan, es ahí donde el análisis de causalidad es parte fundamental para el diseño de un programa o proyecto. Son las causas las que permitirán identificar aquellos aspectos que deben ser superados para garantizar de manera estructural la solución de determinado situación negativa, de carencia o limitación.

Las causas entonces son limitaciones o problemas más específicos que dan origen o mantienen una problemática mayor que impide el desarrollo, fortalecimiento o mejora de determinado grupo poblacional, territorio u organizaciones. Estas causas deben estar intrínsecamente ligadas al problema central, debiendo existir la relación de causa-efecto para verificar dicha dependencia.

Las preguntas que se presentan a continuación sirven como guía orientadora en la construcción de un árbol de problemas:

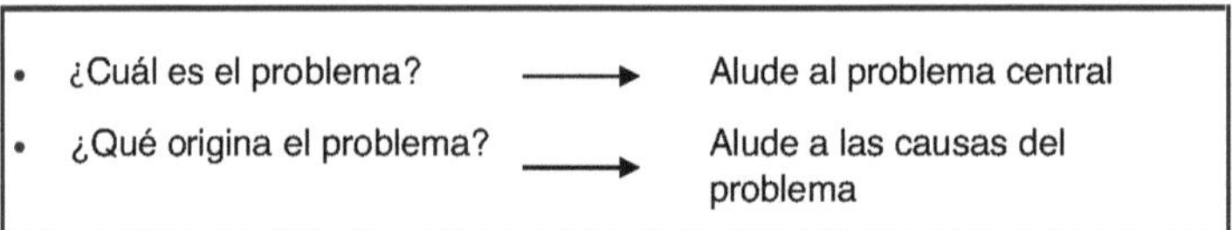

La información que se obtenga en los dos niveles (causas y problema central) que estructuran un árbol de problemas tendrá una correlación en la formulación de los objetivos de todo proyecto o programa. Este aspecto será desarrollado en la sección referida a la metodología del marco lógico: primera columna Jerarquía de objetivos.

Algunas consideraciones críticas a tomar en cuenta

Si bien la técnica "análisis de causalidad o árbol de problemas" es una de las más utilizadas en el proceso de identificación de problemas que dan origen al diseño de un proyecto de desarrollo, es importante reflexionar sobre algunas limitaciones que se presentan en relación con su elaboración:

- Solo se toman en consideración las dificultades, carencias, limitaciones o debilidades de una población o grupo social. Es decir, no permite la incorporación o el análisis de las oportunidades que se encuentran en un contexto social determinado ni la identificación y evaluación de las capacidades o fortalezas con las que cuenta dicho sector de la población y que se convierten en recursos que pueden ser utilizados para aprovechar las potencialidades sociales y enfrentar con mejores posibilidades los problemas identificados.

- Es una herramienta basada en las percepciones de los que participan en la formulación del árbol de problemas. Este aspecto representa, de alguna manera, un nivel de subjetividad, ya que está basado en el conocimiento, la experiencia y la opinión de quienes formulan el árbol. Esto se agrava más aún si el grupo responsable de su elaboración está conformado únicamente por el equipo profesional o técnico del diseño y ejecución del proyecto, y no es un grupo representativo de todos los actores involucrados en su implementación. Es decir, para lograr un mayor nivel de rigurosidad en el análisis, sería conveniente involucrar, además del equipo ejecutor, también a la población objetivo, a los aliados y autoridades locales, entre otros, con el fin de reflexionar e intercambiar información sobre la base de los conocimientos y de la experiencia de cada uno de ellos sobre determinada problemática.

Cómo construir un árbol de problemas o análisis de causalidad

El análisis de causalidad debe ser realizada de manera participativa, es decir, con la población destinataria del proyecto y con los profesionales o técnicos de la institución responsable de la ejecución del mismo.

Para la construcción del análisis de causalidad o árbol de problemas se deben considerar los siguientes pasos:

1. Identificar los problemas relacionados con una determinada realidad o con un tema (específico) seleccionado. Aquí se recomienda utilizar la técnica de lluvia de ideas y, a partir del uso de tarjetas, se debe solicitar entre los participantes la priorización de problemas que podrían ser enfrentados por el proyecto de desarrollo. Se deben enumerar todos los problemas que sean necesarios.

2.   Es importante recordar que un problema se refiere a un estado negativo, por lo que no es equivalente a la ausencia de una solución o a la falta de algo. Es decir, es la diferencia entre lo que se necesita o quiere y lo que se tiene. Con esto, se trata de evitar el uso de términos como "falta o no existe", que, de alguna manera, podrían tornar falsamente invisible la limitación o deficiencia existente en relación con determinado tema o situación.

3.   Una vez ordenados todos los problemas producto de la lluvia de ideas, se debe identificar el problema central o problema focal que el proyecto de desarrollo pretende revertir o superar y ubicarlo al centro de la superficie en la cual se irá construyendo el árbol.

4.   Luego se procede a identificar cuáles son o podrían ser sus causas más importantes ubicando las tarjetas correspondientes debajo de la tarjeta del problema central. Cuando se realiza la identificación de las causas del problema central, se podrá realizar una diferenciación entre causas principales y causas secundarias. Es decir, un problema central podrá tener varias causas principales y cada causa principal podrá tener varias causas secundarias. La desagregación de los niveles de causalidad dependerá de la complejidad y naturaleza de la causa identificada, así como del nivel de información y conocimiento sobre la problemática.

<u>A manera de ejemplo:</u>
Disposición sanitaria de excretas al aire libre (causa) es una de las razones por las que existen condiciones sanitarias insuficientes que no permiten el crecimiento y desarrollo adecuado de los niños y niñas rurales (problema), lo cual tiene como consecuencia agravar la desnutrición en los niños y niñas (efecto).

5.   Al finalizar estos pasos, se recomienda revisar la consistencia lógica del árbol para confirmar si las relaciones de causa - efecto son coherentes y pertinentes con el problema central y con las clasificaciones de principales o secundarias, así como verificar si no se ha omitido alguna vinculación. Puede ser útil mostrar el árbol a alguien que no ha participado en su diseño con la finalidad de conseguir una crítica objetiva y determinar si es preciso realizar ajustes o cambios.

Asimismo, es importante que por cada limitación identificada, sea el problema central y las causas que lo originan, se encuentre evidencias empíricas a partir de estudios, investigaciones, diagnósticos u otras publicaciones o documentos existentes que permitan de manera cuantitativa o cualitativa establecer la magnitud de cada una de las limitaciones que conforman el árbol de problemas; así como la relación de causa – efecto existente.

EJEMPLO DE APLICACIÓN

En esta sección presentamos la elaboración del árbol de problemas de un proyecto de desarrollo orientado a mejorar los logros de aprendizaje de niños, niñas y adolescentes escolares del distrito de Ventanilla (provincia de Lima). El proyecto se denomina Estudio de caso: "Escuelas felices e integrales" del distrito de Ventanilla. Sus características generales son las siguientes:

"Escuelas Felices e Integrales (EFI)"
Municipalidad de Ventanilla – Gerencia De Educación

Problema Central: Limitados logros de aprendizaje de los niños, niñas y adolescentes del Distrito se Ventanilla

Causas Principales:
- Anemia y desnutrición en niños, niñas y adolescentes de las escuelas efi
- Entorno de violencia que genera deserción escolar
- Gestión pedagógica educativa de baja calidad
- Equipamiento e infraestructura deficiente o limitada en las escuelas efi

Para mayor información a continuación explicamos qué son las Escuelas Felices Integrales.

¿Qué son las Escuelas Felices Integrales - EFI?

La Municipalidad de Ventanilla promueve la educación de calidad y fomenta la expansión del **Modelo de Escuelas Felices e Integrales** en el distrito. Es un actividad en conjunto donde la Municipalidad en coordinación con la UGEL Ventanilla se acercan a las instituciones educativas brindando los servicios para los estudiantes; buscando fomentar el compromiso en los actores educativas (siendo los estudiantes el eje principal, los directores, los docentes y los padres de familia) en defensa de los derechos de los niños, niñas y adolescentes. **EFI se apoya además de los servicios de las Gerencias de la Municipalidad.**[21]

Una Escuela Feliz e Integral es una comunidad de aprendizaje y convivencia alegre y democrática, en la que el conjunto de sus integrantes y procesos, como parte de una comunidad mayor y en permanente articulación con ella, promueven y protegen los derechos de las niñas, niños y adolescentes. Se trata de comunidades educativas en las que los estudiantes construyen y ponen en práctica conocimientos, valores y actitudes en un entorno inclusivo, saludable, seguro, ecológico y protector.[22]

---

[21] Información obtenida en: http://www.muniventanilla.gob.pe/escuela_feliz_integral.php#

[22] En la pág. 30 de "Construyendo juntos escuelas felices e integrales" en http://www.buenaondaperu.org/unicef/Construyendo-Juntos-Escuelas-Felices-e-Integrales.pdf

La implementación del modelo cuenta con el apoyo de la Red de Salud, de Unicef y de diferentes organismos de cooperación como Plan Internacional, Caritas Graciosas y Kusi Warma. A través del mismo, se ponen en práctica en las escuelas los planteamientos del Proyecto Educativo Local (PEL) y el Plan de Desarrollo Concertado del Distrito (PDC).

PROBLEMA CENTRAL Y CAUSAS: Árbol del Problema

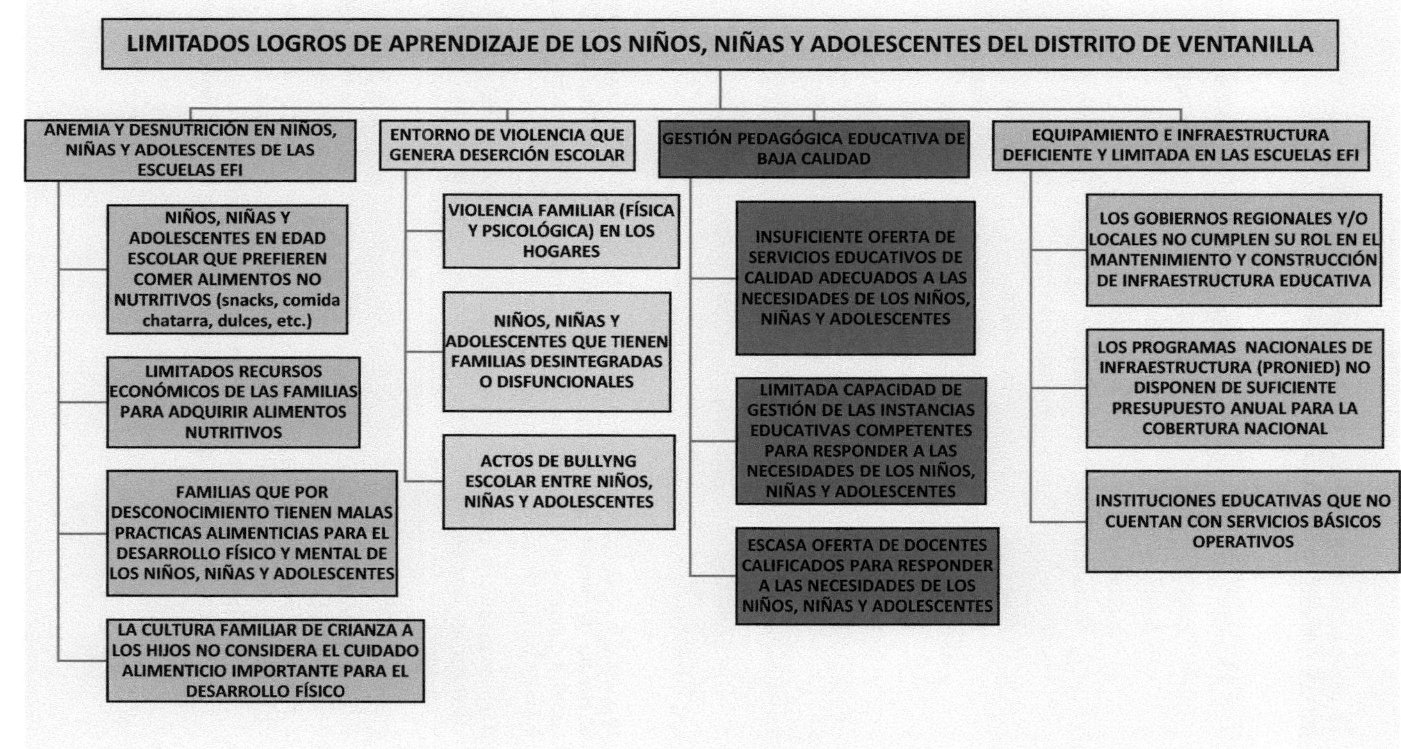

Se recomienda considerar las siguientes palabras alternativas al uso de las frases *falta de* y *no hay* en la redacción de los problemas.

• Complejo	• Debilitado	• Improductivo
• Bajo	• Conflictivo	• Deliberado
• Desequilibrado	• Engorroso	• Flexible
• Inaccesible	• Inadecuado	• Largo
• Mal usado	• Negado	• Obsoleto
• Pobre	• Reducido	• Sesgado
• Alto	• Burocrático	• Confuso
• Devaluado	• Escaso	• Fragmentado
• Ineficiente	• Limitado	• Negativo
• Prejuiciado	• Retraso	• Costoso
• Diferente	• Difícil	• Excesivo
• Inseguro		

c) Círculo de preocupación y control y síntesis a nivel de las causas

Una vez que se tenga el árbol de problemas terminado se debe proceder a identificar el **círculo de influencia o control y de preocupación**. La finalidad de identificar aquellas causas que el proyecto social intentará revertir permitirá contar con mayores insumos para la formulación de los resultados del marco lógico.

A continuación, se detalla de manera secuencial el procedimiento a seguir para identificar los círculos a nivel de las causas identificadas en el árbol de problemas formulado:

- Una vez que tengan terminado el árbol de problemas se debe señalar cuáles de sus causas (principales y secundarias) se encuentran dentro del **círculo de influencia o control** (causas que pueden ser enfrentadas por el proyecto) y cuáles se encuentran dentro del círculo de preocupación (causas que no podrán ser enfrentadas por el proyecto y podrían ser un referente para realizar alianzas estratégicas o sinergias con otras entidades que trabajen el tema y estén en capacidad de enfrentarlo).

- Son las causas que se encuentren en el **círculo de influencia** o **control** las que servirán de referente para la formulación de los resultados del marco lógico.

Círculo de control y preocupaciones

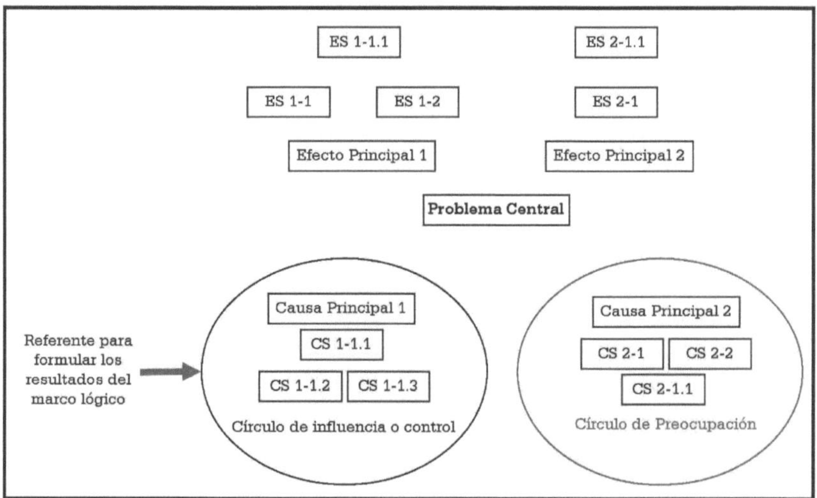

*Fuente: elaboración propia.

El círculo de control y preocupación a nivel de las causas

ARBOL DE PROBLEMAS Y ANÁLISIS DE CAUSALIDAD

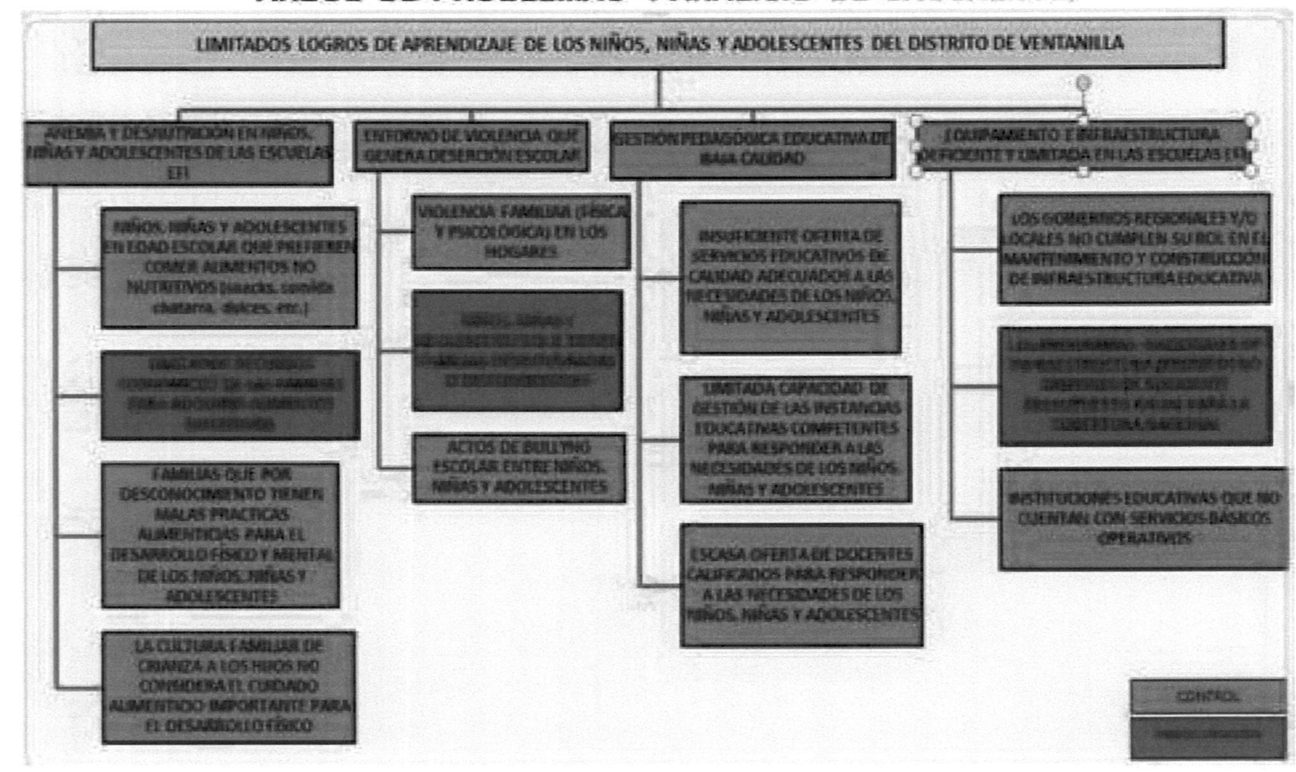

Como se aprecia luego de hacer la diferenciación entre aquellas causas que serán resueltas por el proyecto (círculo de control) y aquellas que no, debemos entender entonces que es necesario tomar decisiones respecto a éstas últimas; toda vez que la causalidad es integral y tienen una influencia estructural y directa con la solución del problema central.

En ese sentido, se debe recordar alguno de los retos que se analizaron en el primer capítulo de este libro referido a la integralidad y multisectorialidad que debe caracterizar el diseño de todo proyecto de desarrollo.

Es así que aquellas causas que corresponden al círculo de preocupación deberán ser canalizadas hacia otros actores o sectores vinculados con la problemática a fin que puedan ser insertados en las distintas intervenciones que ejecutan desde sus roles y competencias funcionales.

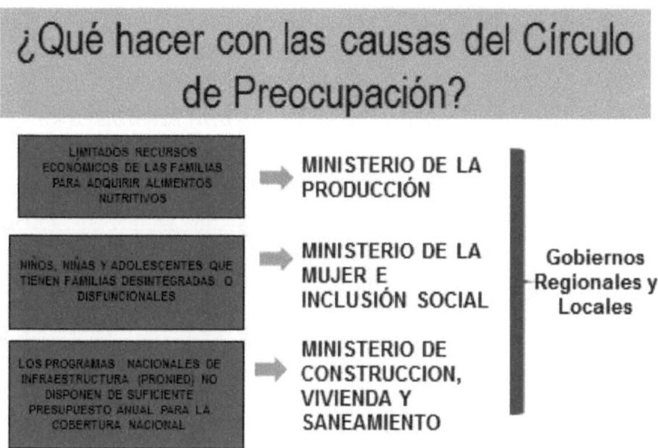

Aquellas causas que no pueden ser articuladas con otros actores, debieran ser utilizadas como insumos para la formulación de los supuestos del marco lógico del proyecto.

Luego de haber identificado las causas del círculo de control se debe proseguir con lo que denominamos **síntesis del análisis de causalidad**. Esta técnica busca agrupar todas las causas bajo control por similitud temática, dependiendo del número de temas que se puedan identificar en dichas causas es que formarán los grupos de síntesis.

Una vez que se tengan los grupos de síntesis se debe identificar un nombre o título para cada uno de estos. A continuación se presenta un ejemplo de cuatro grupos de síntesis a partir de las causas del círculo de control con los títulos asignados.

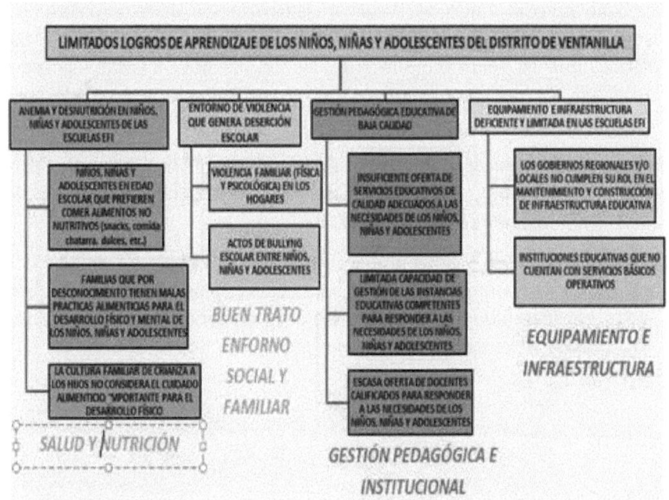

Es importante señalar que para realizar la síntesis de las causas bajo control, deben desestimar el orden que tenían en el árbol de problema original, es decir en este momento ya no se toma en cuenta el criterio causa-efecto o directo o indirecta que caracteriza el diseño del árbol de problemas. El punto central es identificar temas bajo los cuales se pueden agrupar dichas causas, es decir la síntesis que se requiere como insumo para el diseño posterior de los resultados u objetivos específicos del marco lógico de un programa o proyecto.

Finalmente, a continuación se presenta un cuadro donde se presentan algunas limitaciones que existen con la técnica del árbol de problemas con sus respectivas propuestas para reducir o mitigar dichas limitaciones.

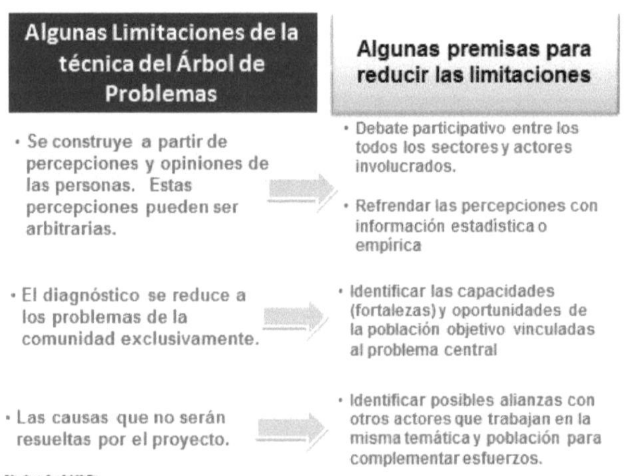

d) Matriz de capacidades/fortalezas y oportunidades de la población objetivo

Esta herramienta permite complementar la formulación de un árbol de problemas y así superar la limitación que este tiene al solo poner énfasis en las dificultades o debilidades que presenta un grupo social determinado.

En ese sentido, la identificación de las oportunidades y capacidades de la población permitirá tener información de manera participativa que sirva de insumo para el diseño de estrategias y acciones coherentes con las oportunidades y fortalezas que dicho grupo social presenta.

Para recordar...
Las oportunidades se encuentran en el entorno social en el cual interactúa la población objetivo de un proyecto. Estas deben ser identificadas de manera clara y precisa, tomando en consideración solo aquellas que existan como hechos o tendencias reales y factibles de ser aprovechadas, y que tengan una vinculación directa con el problema central. Una característica adicional de las oportunidades es que estas se encuentran fuera del control de la población y su aprovechamiento debiera ser impulsado por el proyecto de desarrollo a ejecutarse.

Las **capacidades** se refieren a las fortalezas con las que cuenta el grupo social o población destinataria de un proyecto de desarrollo. Estas capacidades deben ser identificadas y evaluadas con objetividad y sinceridad, ya que se convierten en los recursos más importantes con los que cuenta dicho grupo para poder negociar el nivel de participación en la ejecución de un proyecto de desarrollo.

A diferencia de las **oportunidades**, las capacidades se encuentran bajo el control de la población y permiten aprovechar dichas oportunidades en el entorno social en el cual intervienen. Dichas capacidades pueden estar referidas a aspectos organizativos, recursos materiales o económicos y competencias o habilidades. Todo proyecto de desarrollo debe considerar las capacidades de su población objetivo ya que le permite fortalecer la participación, inclusión y gestión para la implementación del mismo.

Pasos a seguir para la identificación de capacidades y oportunidades

A continuación, se presentan las pautas que aseguran la clara identificación de las oportunidades y capacidades de la población objetivo de un proyecto social.

1. Al igual que en la construcción del árbol de problemas, se recomienda utilizar la técnica lluvia de ideas. Es a partir del uso de tarjetas que se deberá identificar, primero, las oportunidades de un grupo social determinado en relación con el problema central.

2. Las oportunidades enumeradas deberán ser priorizadas y jerarquizadas, y, luego, ubicadas de acuerdo a la complejidad que cada una presente. Es decir, aquellas más viables o factibles de aprovechar deberán ir primero y así sucesivamente.

3. Una vez ordenadas las oportunidades se deberán identificar las capacidades con las que cuenta la población objetivo. Estas deberán ser formuladas en relación con su organización, recursos materiales, habilidades y competencias y tener relación con el tema propuesto para el problema central. El criterio de pertinencia es fundamental para este análisis, ya que se intenta ubicar las fortalezas que tiene la población objetivo en relación con el proyecto que se pretende ejecutar.

4. Finalmente, se deberán revisar los resultados obtenidos a partir de este análisis para asegurar su coherencia con el árbol de problemas formulado.

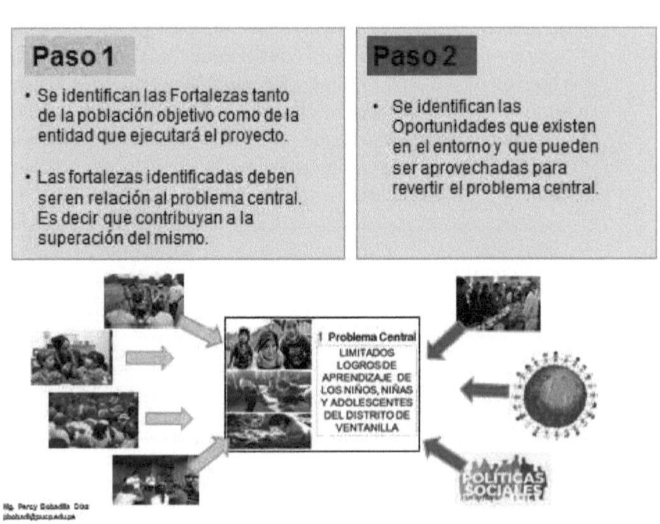

A continuación, se presenta un ejemplo de la identificación de oportunidades y capacidades de la población objetivo de un proyecto social.

Capacidades (Fortalezas)	Oportunidades
1. Fortalecimiento institucional de la Municipalidad Distrital y la UGEL de Ventanilla para el mejoramiento de la calidad educativa.	1. Prioridad del tema de infancia y familia e inclusión social como política de Estado.

Capacidades (Fortalezas)	Oportunidades
2. Las Gerencias de la Municipalidad ofrecen servicios como Cultura, Deporte, Educación, Seguridad Ciudadana, Áreas Verdes, Limpieza Pública, Sistema de Salud, Protección y Familia.	2. El crecimiento económico del país permite conseguir recursos para invertir en políticas educativas y programas sociales.
	3. El proceso de descentralización y el rol de los gobiernos locales en educación.
3. Los equipos técnicos de la Gerencia de Educación tienen compromiso social e identificación institucional para realizar sus trabajos con la población objetivo.	4. Trabajo articulado con entidades públicas (MINEDU - MINSA) que favorecen el cumplimiento de los objetivos.
4. Elaboración de un plan educativo de acuerdo a una política educativa impulsada por la municipalidad de Ventanilla.	5. ONGs (Kusi Warma, Plan Internacional) interesadas para establecer convenios para trabajo conjunto con la Municipalidad de Ventanilla.
5. Participación de los padres de familia y comunidad para la optimización de los servicios.	6. Organizaciones Internacionales (UNICEF) que se dedican a cubrir las necesidades de los niños con programas para proveer educación se convierten en referente para nuestro grupo objetivo.

A continuación se presentan algunas precisiones que son importantes tomar en cuenta para la identificación de las capacidades y oportunidades en relación al problema central identificado para el diseño del programa o proyecto.

- Con la identificación del problema central, el análisis de causas y la matriz de Fortalezas y Oportunidades se ha concluido el diagnóstico.

- Toda esta información referida al diagnóstico debe estar basada en evidencias. Estas evidencias pueden identificarse a partir de fuentes secundarias que muestren cuantitativa o cualitativamente la existencia de los hechos o tendencias que se señalan a través de los problemas, causas, capacidades y oportunidades identificadas.

- Luego se procede a redactar de manera narrativa el diagnóstico. Para la organización del mismo, se puede utilizar los conceptos de la síntesis del análisis causal, incorporando además según corresponda las capacidades o fortalezas y oportunidades identificadas.

- Una opción adicional puede ser elaborar una sección aparte donde se describa y presente evidencias de las fortalezas y oportunidades, distinguiéndolas del análisis de la problemática presentada a partir del árbol de problemas.

e) Matriz de alternativas: consistencia entre el árbol de problemas y matriz de capacidades/fortalezas y oportunidades para analizar las condiciones de viabilidad

Una vez formulado el árbol de problemas e identificado el círculo de control en el nivel de las causas, así como una vez realizada la priorización de las capacidades y oportunidades, estos deben servir para el planteamiento de un conjunto de alternativas en términos de medios que sirvan de insumo básico y orientador para la definición de las acciones del marco lógico.

Solo a manera de repaso, es importante recordar que, para la identificación de las capacidades y oportunidades de la población objetivo, se debe tomar en cuenta el problema central a resolver.

A continuación, se detalla de manera secuencial el procedimiento a seguir para elaborar la matriz de alternativas en mención.

- Se deberá realizar un análisis de consistencia entre las capacidades identificadas y las causas del árbol de problemas que se encuentran dentro del círculo de control. Se debe incluir una fundamentación sobre el análisis entre las causas y capacidades identificadas tomando en cuenta la siguiente pregunta:

¿En qué medida estas capacidades identificadas en la población pueden ayudar a resolver alguna de las causas que están dentro del círculo de control o influencia?

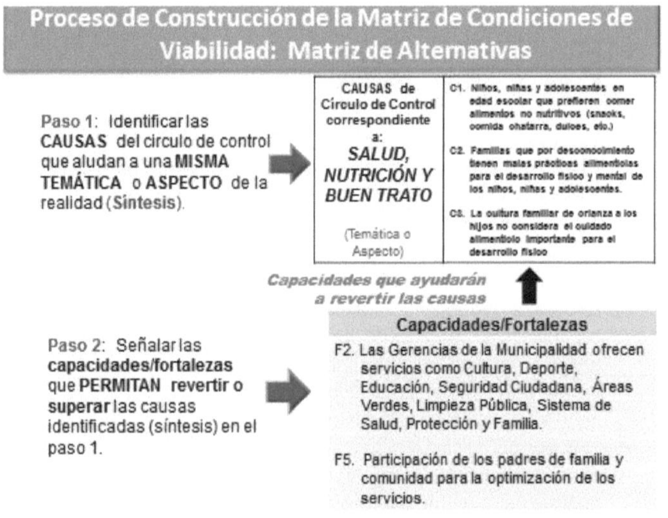

- Terminado este análisis entre causas y capacidades, el siguiente paso es articular la reflexión realizada con las oportunidades que se podrían aprovechar. La pregunta que facilita esta vinculación es:

¿Cuáles son las oportunidades que podrían ser aprovechadas para resolver las causas del círculo de control identificadas en el paso anterior?

El análisis de vinculación y consistencia debe realizarse con todas las capacidades y oportunidades identificadas, ya que estas están relacionadas con el problema central que el proyecto quiere enfrentar. No debe obviarse de este análisis ninguna de las causas que están dentro del círculo de control.

- La fundamentación que se obtenga del análisis de consistencia entre causas, capacidades y oportunidades será el referente para la definición de actividades del marco lógico o la elaboración de estrategias o líneas de acción. En ese sentido, se deben proponer medios o acciones que podrían solucionar las causas de la síntesis identificada. La pregunta orientadora que ayudará a obtener el insumo para la definición de actividades o estrategias es:

¿Qué medios o acciones propone para modificar este grupo de causas (causas del circulo de control agrupadas – síntesis) tomando en cuenta las capacidades y aprovechando las oportunidades de la población?

Luego de realizar los cuatro pasos señalados tendrá como resultado una matriz como se presenta a continuación:

Ejemplo: Condiciones de Viabilidad - Matriz de Alternativas

MATRIZ DE ALTERNATIVAS			
Causas	Capacidades/ Fortalezas	Oportunidades	Alternativas
SALUD Y NUTRICIÓN Causas 1. Anemia y desnutrición en niños, niñas y adolescentes de las escuelas. 2. Niños, niñas y adolescentes en edad escolar que prefieren comer alimentos no nutritivos (snacks, comida chatarra, dulces, etc.) 3. Familias que por desconocimiento tienen malas prácticas alimenticias para el desarrollo físico y mental de los niños, niñas y adolescentes. 4. La cultura familiar de crianza a los hijos no considera el cuidado alimenticio importante para el desarrollo físico.	F2. Las Gerencias de la Municipalidad ofrecen servicios como Cultura, Deporte, Educación, Seguridad Ciudadana, Áreas Verdes, Limpieza Pública, Sistema de Salud, Protección y Familia. F5. Participación de los padres de familia y comunidad para la optimización de los servicios.	O1. Prioridad del tema de infancia y familia e inclusión social como política de Estado. O2. El crecimiento económico del país permite conseguir recursos para invertir en políticas educativas y programas sociales O3. Trabajo articulado con entidades públicas (MINEDU - MINSA) que favorecen el cumplimiento de los objetivos.	• Realizar campañas dinámicas de aprendizaje sobre alimentación y nutrición en las escuelas. Enfrenta las causas C1 - C2 – C3 Es viable por : - Fortalezas F2 – F5 y - Oportunidades O1 – O2 – O3) • Implementar quioscos saludables que no venden comida chatarra. Enfrenta las causas: C1 – C2 – C3 Es viable por : - Fortalezas F2 - Oportunidades O1 • Preparar y proponer loncheras nutritivas a los alumnos y padres de familia. Enfrenta las causas: C1 – C3 Es viable por : - Fortalezas F5 - Oportunidades O2 y O3

Para un mejor entendimiento de lo expuesto anteriormente, se incluye un ejemplo completo sobre el análisis de consistencia entre las causas del círculo de control y las capacidades y oportunidades identificadas para construir la Matriz de Alternativas o Condiciones de Viabilidad para el diseño del programa o proyecto.

Condiciones de Viabilidad del Proyecto: MATRIZ DE ALTERNATIVAS			
Causas	Capacidades/ Fortalezas	Oportunidades	Alternativas
ANEMIA Y DESNUTRICIÓN EN NIÑOS, NIÑAS Y ADOLESCENTES DE LAS ESCUELAS EFI Causas • Niños, niñas y adolescentes en edad escolar que prefieren comer alimentos no nutritivos (snacks, comida chatarra, dulces, etc.). • Limitados recursos económicos de las familias para adquirir alimentos nutritivos. • Familias que por desconocimiento tienen malas prácticas alimenticias para el desarrollo físico y mental de los niños, niñas y adolescentes. • La cultura familiar de crianza a los hijos no considera el cuidado alimenticio importante para el desarrollo físico.	• Fortalecimiento institucional de la Municipalidad Distrital y la UGEL de Ventanilla para el mejoramiento de la calidad educativa. • Las Gerencias de la Municipalidad ofrecen servicios como Cultura, Deporte, Educación, Seguridad Ciudadana, Áreas Verdes, Limpieza Pública, Sistema de Salud, Protección y Familia. • Participación de los padres de familia y comunidad para la optimización de los servicios.	• Prioridad del tema de infancia y familia e inclusión social como política de Estado. • El crecimiento económico del país permite conseguir recursos para invertir en políticas educativas y programas sociales. • Trabajo articulado con entidades públicas (MINEDU - MINSA) que favorecen el cumplimiento de los objetivos.	• Realizar campañas dinámicas de aprendizaje sobre alimentación y nutrición en las escuelas. • Realizar talleres informativos para padres de familia sobre temas de "Comer no es alimentarse", "Comprar alimentos nutritivos" y "En esta casa no hay anemia". • Implementar quioscos saludables que no venden comida chatarra. • Preparar y proponer loncheras nutritivas a los alumnos y padres de familia.

<table>
<tr><td colspan="4" align="center">Condiciones de Viabilidad del Proyecto: MATRIZ DE ALTERNATIVAS</td></tr>
<tr><td align="center">Causas</td><td align="center">Capacidades/ Fortalezas</td><td align="center">Oportunidades</td><td align="center">Alternativas</td></tr>
<tr>
<td>ENTORNO DE VIOLENCIA QUE GENERA DESERCIÓN ESCOLAR

Causas:
• Violencia familiar (física y psicológica) en los hogares.
• Niños, niñas y adolescentes que tienen familias desintegradas o disfuncionales.
• Actos de bullyng escolar entre niños, niñas y adolescentes.</td>
<td>• Las Gerencias de la Municipalidad ofrecen servicios como Cultura, Deporte, Educación, Seguridad Ciudadana, Áreas Verdes, Limpieza Pública, Sistema de Salud, Protección y Familia.
• Elaboración de un plan educativo de acuerdo a una política educativa impulsada por la municipalidad de Ventanilla.
• Participación de los padres de familia y comunidad para la optimización de los servicios.</td>
<td>• El proceso de descentralización y el rol de los gobiernos locales en educación.
• Trabajo articulado con entidades públicas (MINEDU - MINSA) que favorecen el cumplimiento de los objetivos.
• ONGs (Kusi Warma, Plan Internacional) interesadas para establecer convenios para trabajo conjunto con la Municipalidad de Ventanilla.
• Organizaciones Internacionales (UNICEF) que se dedican a cubrir las necesidades de los niños con programas para proveer educación se convierten en referente para nuestro grupo objetivo.</td>
<td>• Brindar atención integral a niños, niñas y adolescentes a través del servicio de "Protección y Familia" de la Gerencia de Educación de la Municipalidad.
• Asesorar el manejo y derivar los casos atendidos con redes sociales y entidades públicas (Juzgado de Familia, Dirección Investigación Tutelar, RENIEC, MINEDU y entidades públicas y privadas) para la reinserción e inserción escolar.
• Realizar el seguimiento de los casos atendidos y derivados de niños, niñas y adolescentes.
• Diseñar y ejecutar actividades de proyección a la comunidad, como pasacalles destinados a visibilizar el buen trato y el cumplimiento de derechos, como tarea compartida entre la escuela y la comunidad local.</td>
</tr>
<tr>
<td>GESTIÓN PEDAGÓGICA EDUCATIVA DE BAJA CALIDAD

Causas

• Insuficiente oferta de servicios educativos de calidad adecuados a las necesidades de los niños, niñas y adolescentes.
• Limitada capacidad de gestión de las instancias educativas competentes para responder a las necesidades de los niños, niñas y adolescentes.
• Escasa oferta de docentes calificados para responder a las necesidades de los niños, niñas y adolescentes.</td>
<td>• Fortalecimiento institucional de la Municipalidad Distrital y la UGEL de Ventanilla para el mejoramiento de la calidad educativa.
• Los equipos técnicos de la Gerencia de Educación tienen compromiso social e identificación institucional para realizar sus trabajos con la población objetivo.
• Elaboración de un plan educativo de acuerdo a una política educativa impulsada por la municipalidad de Ventanilla.</td>
<td>• Prioridad del tema de infancia y familia e inclusión social como política de Estado.
• El crecimiento económico del país permite conseguir recursos para invertir en políticas educativas y programas sociales.
• Organizaciones Internacionales (UNICEF) que se dedican a cubrir las necesidades de los niños con programas para proveer educación se convierten en referente para nuestro grupo objetivo.</td>
<td>• Diseñar y ejecutar las Actividades EFI del Servicio Psicopedagógico.
• Realizar talleres de fortalecimiento de capacidades a docentes y directivos.
• Ejecutar actividades educativas complementarias de fortalecimiento de la enseñanza (visita a la biblioteca municipal, promoción del turismo interno del distrito, visita a huertos, buenas prácticas de responsabilidad social y medio ambiente, etc.)
• Realizar trimestralmente la autoevaluación del trabajo de los profesores.
• Proponer la realización de jornadas críticas de avance del plan educativo.
• Complementar la autoevaluación a partir de "indicadores amigables de calidad educativa" para cada uno de los componentes del modelo EFI.
• Ejecutar el acompañamiento de docentes auxiliares en el aula.
• Brindar asesoramiento continuo a padres y madres de familia sobre el avance de aprendizaje de sus hijos e hijas.</td>
</tr>
</table>

<table>
<tr><td colspan="4" align="center">Condiciones de Viabilidad del Proyecto: MATRIZ DE ALTERNATIVAS</td></tr>
<tr><td align="center">Causas</td><td align="center">Capacidades/ Fortalezas</td><td align="center">Oportunidades</td><td align="center">Alternativas</td></tr>
<tr>
<td>EQUIPAMIENTO E INFRAESTRUCTURA DEFICIENTE Y LIMITADA EN LAS ESCUELAS EFI

<u>Causas</u>

• Los gobiernos regionales y/o locales no cumplen su rol en el mantenimiento y construcción de infraestructura educativa.
• Instituciones educativas que no cuentan con servicios básicos operativos.</td>
<td>• Fortalecimiento institucional de la Municipalidad Distrital y la UGEL de Ventanilla para el mejoramiento de la calidad educativa.
• Los equipos técnicos de la Gerencia de Educación tienen compromiso social e identificación institucional para realizar sus trabajos con la población objetivo.
• Elaboración de un plan educativo de acuerdo a una política educativa impulsada por la municipalidad de Ventanilla.</td>
<td>• Prioridad del tema de infancia y familia e inclusión social como política de Estado.
• El crecimiento económico del país permite conseguir recursos para invertir en políticas educativas y programas sociales.
• El proceso de descentralización y el rol de los gobiernos locales en educación.</td>
<td>• Garantizar que las escuelas EFI dispongan de salones e infraestructura educativa segura y de calidad para los niños, niñas y adolescentes.
• Ejecutar la limpieza y mantenimiento por parte de los alumnos y profesores de los baños como medio para aprender el valor de la limpieza, estar sanos y evitar enfermedades.
• Expandir y mantener las áreas verdes dentro y fuera de las escuelas como medio para aprender el cuidado del medio ambiente.</td>
</tr>
</table>

3.2. Diseño del marco lógico

a) Articulación del diagnóstico con el marco lógico del proyecto

Una vez concluido la etapa del diagnóstico, donde se ha realizado un análisis de la problemática a través del problema central y sus causas, la identificación de las capacidades y oportunidades, así como la formulación de las alternativas como una revisión de las condiciones de viabilidad para la gestión de un programa o proyectos; se debe pasar al diseño de la propuesta misma de intervención, es decir a la identificación de los objetivos y acciones principales que serán la columna vertebral de todo marco lógico.

En ese sentido, el diseño del marco lógico del proyecto y fundamentalmente de la primera columna llamada Jerarquía de Objetivos se realiza a partir de esta información resultante durante la etapa del diagnóstico; solo así se garantizará que la realidad analizada es traducida en una propuesta de intervención pertinente, coherente y que apunta a la efectividad en el logro de los cambios que se esperan conseguir.

La técnica o proceso metodológico que se debe realizar para conseguir la articulación y traducción del diagnóstico con el diseño de la primera columna del marco lógico se ilustra seguidamente:

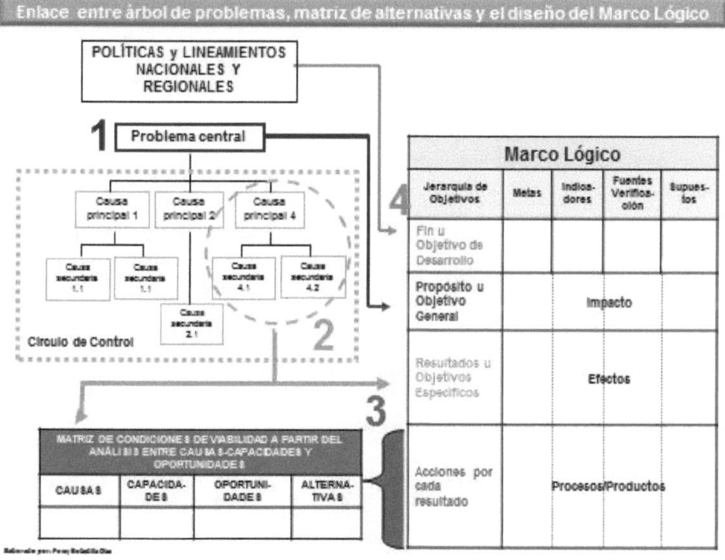

Como se aprecia los objetivos del programa o proyecto se diseñan a partir del árbol de problemas y su alineamiento a políticas nacionales o regionales; y las acciones del mismo utilizando las alternativas identificadas. Cada uno de los pasos requeridos se explica a continuación.

Pasos metodológicos para articular el diagnóstico con el marco lógico de un programa o proyecto.

Paso 1:   Utilizar el problema central identificado para formular el objetivo general o propósito del proyecto. Este debe ser formulado identificando el cambio de impacto que se espera lograr en término positivos.

Ejemplo:

PROBLEMA CENTRAL	PROPÓSITO U OBJETIVO GENERAL
Limitados logros de aprendizaje de los niños, niñas y adolescentes del distrito de ventanilla.	Niños, niñas y adolescentes con logros de aprendizajes adecuados que contribuyen a su desarrollo en el distrito de ventanilla.

Paso 2:   Cada uno de los grupos de síntesis de las causas debidamente titulados deben ser el insumo para formular los objetivos específicos o resultados del marco lógico. Este nivel de objetivo corresponde al efecto en la cadena de valor público o cambio social, en ese sentido, se deben formular objetivos que aludan a modificaciones o transformaciones intermedias como cambios más específicos que sean el camino previo al logro del impacto mayor expresado en el propósito del proyecto. Por cada grupo de síntesis titulado se debe formular un objetivo específico o resultado.

Ejemplo:

SINTESIS DE CAUSAS BAJO CONTROL	RESULTADO U OBJETIVO ESPECÍFICO
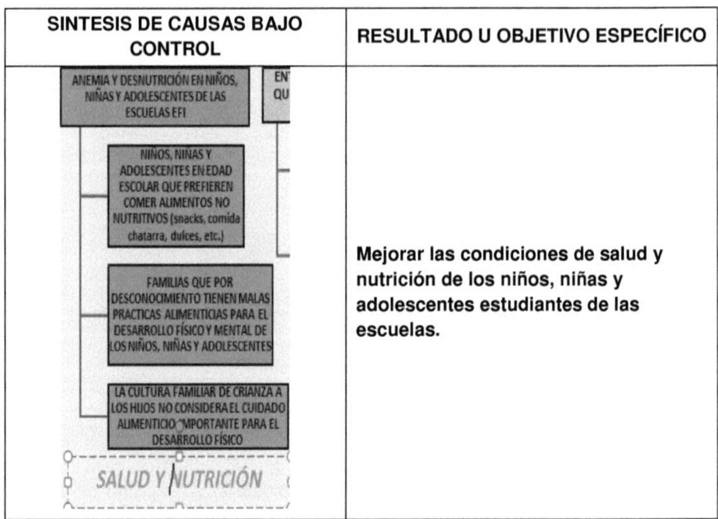	**Mejorar las condiciones de salud y nutrición de los niños, niñas y adolescentes estudiantes de las escuelas.**

Paso 3:   Hasta aquí se tiene el objetivo general (propósito) y objetivos específicos (resultados) diseñados, toca ahora formular los medios que se requieren para lograrlos. Estos medios son las acciones o actividades. Se debe formular un conjunto de acciones o actividades por cada resultado. El insumo para ello son las alternativas identificadas en el diagnóstico.

Ejemplo:

Alternativas correspondiente a la síntesis de causas	Acciones o Actividades del Resultado u Objetivo Específico

Alternativas
 	
• Realizar campañas dinámicas de aprendizaje sobre alimentación y nutrición en las escuelas.
Enfrenta las causas:
     C1 - C2 – C3
Es viable por :
- Fortalezas F2 – F5 y
- Oportunidades O1 – O2 – O3)
 	
• Implementar quioscos saludables que no venden comida chatarra.
Enfrenta las causas:
     C1 – C2 – C3
Es viable por :
- Fortalezas F2
- Oportunidades O1
 	
• Preparar y proponer loncheras nutritivas a los alumnos y padres de familia.
Enfrenta las causas:
     C1 – C3
Es viable por :
- Fortalezas F5
- Oportunidades O2 y O3
	1.1 Realizar campañas dinámicas de aprendizaje sobre alimentación y nutrición en las escuelas.
	
	1.2 Realizar talleres informativos para padres de familia sobre temas de "Comer no es alimentarse", "Comprar alimentos nutritivos" y "En esta casa no hay anemia".
	
	1.3 Implementar quioscos saludables que no venden comida chatarra.
	
	1.4 Preparar y proponer loncheras nutritivas a los alumnos y padres de familia.

Paso 4:   El paso final corresponde a la formulación del objetivo de desarrollo o fin. Este debe ser identificado a partir de los objetivos estratégicos o de impacto que se enuncien en determinada política o plan nacional, regional o local.

Para una ilustración integral de todo el proceso metodológico se presenta a continuación el siguiente gráfico:

b) El marco lógico del programa o proyecto

Este instrumento fue creado en 1969 por los arquitectos León J. Rosemberg y Lawrence D. Posner a partir de la evaluación de más de treinta programas apoyados por la cooperación técnica internacional en diversos países del mundo con altos índices de pobreza.

Ante las limitaciones y dificultades que se encontraron durante la evaluación de dichos programas, los arquitectos presentaron una propuesta metodológica a la cual llamaron marco lógico (*logical framework*), con la finalidad de brindar una alternativa que evite los problemas mencionados y permita una mejor gestión del diseño, ejecución y evaluación de proyectos de desarrollo.

Esta herramienta metodológica y técnica en la actualidad ya es utilizada por la mayoría de las instituciones internacionales que trabajan en desarrollo.

La organización y relación que debe existir entre los diversos niveles y componentes de la matriz del marco lógico responde a una clara jerarquización y diferenciación entre los medios y cambios que se esperan lograr con la puesta en marcha de un proyecto.

Esta organización se realiza principalmente en la etapa de diseño y planificación de un proyecto. En principio, nos permite elaborar de manera coherente y articulada un perfil de los componentes centrales que configuran la propuesta de intervención y que son ubicados en una matriz de cinco columnas y cuatro filas.

No debe tomarse al marco lógico como un simple formato de presentación de proyectos; el diseño de una propuesta de intervención bajo esta metodología debe permitir el análisis del contexto y la organización jerárquica y coherente de los cambios y medios definidos.

A continuación, presentamos el esquema de la matriz del marco lógico[23]:

Título del proyecto:

Jerarquía de objetivos (1)	Metas (2)	Indicadores (3)	Fuentes de verificación (4)	Supuestos (5)
FIN (objetivo de desarrollo)				
PROPÓSITO (objetivo general)				
RESULTADO (objetivo específico)				
ACCIONES (actividades principales)				

*Fuente: elaboración propia.

Como ya se ha mencionado, la matriz de marco lógico está conformada por cinco columnas y cuatro filas, las mismas que deben ser formuladas contemplando exigencias técnicas propias de la metodología para el diseño de un proyecto social.

A continuación se presenta la secuencia en que debe ser construida la matriz del marco lógico:

Primer paso   Formulación de la columna No. 1 de **Jerarquía de objetivos,** que contempla la definición de cuatro niveles: el fin u objetivo de desarrollo, el propósito u objetivo general, los resultados u objetivos específicos y un conjunto de acciones para cada resultado definido.

Segundo paso   Formulación de la columna No. 5 de **Supuestos.** Estos son elaborados para los niveles del propósito, resultados y acciones.

---

[23] Se toma como referencia El Marco Lógico (*Logical Framework*) propuesto por Practical Concepts Incorporated (1979) Washington D.C.

Tercer paso	Formulación de la columna No. 2 de **Metas**. Se consideran metas para cada uno de los niveles verticales (propósito, resultados y acciones) de la matriz del marco lógico a excepción del nivel del fin.
Cuarto paso	Formulación de la columna No. 3 de **Indicadores.** Estos son elaborados por cada meta definida con relación a los niveles del propósito, resultados y acciones de la matriz del marco lógico.
Quinto paso	Formulación de la columna No. 4 de **Fuentes de verificación,** las mismas que son identificadas por cada indicador definido en la matriz del marco lógico.

c) Criterios para el diseño del marco lógico del proyecto: la lógica vertical y horizontal

La construcción de la matriz del marco lógico contempla dos criterios fundamentales: i) **lógica vertical** y ii) **lógica horizontal**. A continuación, encontrará la explicación de cada una de ellas.

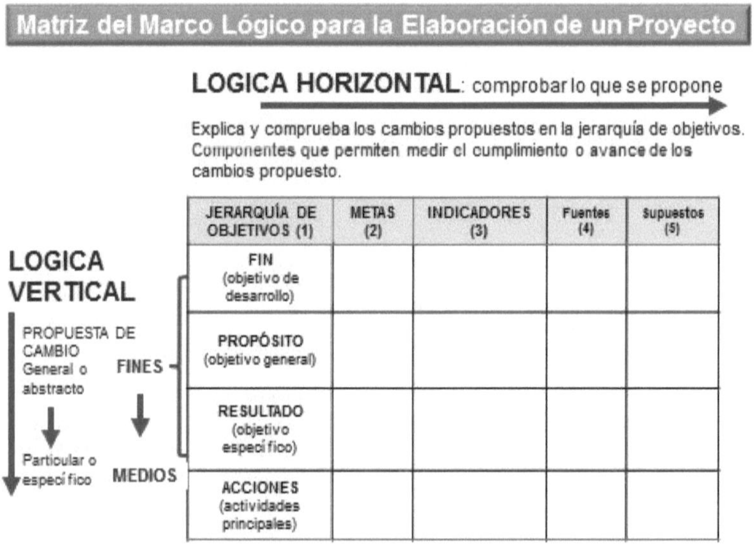

Matriz del Marco Lógico para la Elaboración de un Proyecto

LOGICA HORIZONTAL: comprobar lo que se propone

Explica y comprueba los cambios propuestos en la jerarquía de objetivos. Componentes que permiten medir el cumplimiento o avance de los cambios propuesto.

LOGICA VERTICAL

PROPUESTA DE CAMBIO
General o abstracto
FINES
Particular o específico
MEDIOS

JERARQUÍA DE OBJETIVOS (1)	METAS (2)	INDICADORES (3)	Fuentes (4)	Supuestos (5)
FIN (objetivo de desarrollo)				
PROPÓSITO (objetivo general)				
RESULTADO (objetivo específico)				
ACCIONES (actividades principales)				

i)   **Lógica vertical** articula coherentemente la dimensión general (abstracto) con la particular (específico), y ello evidencia la propuesta de cambio en la formulación de los niveles (fin, propósito, resultados y acciones) de la columna Jerarquía de objetivos. Es así que se debe tener presente la cadena de valor que debe caracterizar a la Jerarquía de Objetivos (primera columna del marco lógico) y el criterio de racionalidad, que nos permite diferencia los medios de los fines o cambios. A continuación se ilustra de manera resumida las características principales que deben estar presentes en el análisis para aplicar la lógica vertical: i) Cadena de valor y ii) Racionalidad.

- **LÓGICA VERTICAL para definir la Propuesta de Cambio**

JERARQUÍA DE OBJETIVOS o CADENA DE VALOR
Identifica los niveles de cambio que propone el proyecto:
PRODUCTO – EFECTO – IMPACTO; **donde el producto corresponde a al nivel más concreto o específico de la propuesta (acciones), y el impacto corresponde al nivel más abstracto o general de la misma (propósito).**

RACIONALIDAD:
Diferencia entre MEDIOS y FINES.
La construcción de un marco lógico debe diferenciar la formulación de medios (acciones/productos) de la formulación de cambios (objetivos/efectos-impactos) en sus diferentes niveles de propuesta.

La lógica vertical permite no solo el aterrizaje desde dimensiones generales a específicas únicamente, sino que también contribuye a tener una diferenciación clara entre medios y fines. Es decir, permite señalar los impactos y efectos en términos de cambios o modificaciones que se esperan lograr y que corresponden al nivel de propósito y resultados, respectivamente, así como los medios o productos necesarios para el logro de dichos cambios y que se ubican en el nivel de las acciones.

Para ilustrar este criterio lógico, podemos mencionar un ejemplo.

Cuando se construye la primera columna de la matriz del marco lógico, "Jerarquía de objetivos", cada nivel expresado deberá presentar cambios más concretos y específicos según se acerque al nivel de las acciones. Es decir, el "Fin" será el nivel más abstracto; el nivel del "Propósito" será menos general y contribuirá al fin; los "Resultados" serán específicos y, en su conjunto, deberán cumplir el propósito; y, finalmente, las "Acciones" serán las concretas y puntuales para lograr los resultados.

*Este análisis da origen a la **lógica vertical**. Es a partir de esta lógica vertical que el marco lógico busca diferenciar los cambios más generales (fin y propósito), los más específicos (resultados) y los medios (acciones) necesarios para lograrlos, haciendo evidente la distinción entre medios y finalidades. Es así que debemos formular una cadena de valor donde los fines se ubiquen a nivel de los objetivos (Fin, Propósito y Resultados) y los medios a nivel de las acciones o actividades.*

Con un ejemplo que presente contenidos se intenta explicar las características fundamentales de la jerarquía de objetivos del marco lógico diseñada bajo el criterio o lógica vertical que acabamos de explicar:

Ejemplo de LOGICA VERTICAL – Trabajo Infantil				
Jerarquía de Objetivos	Metas	Indicadores	Fuentes de Verificación	Supuestos
FIN: Contribuir al desarrollo integral de los niños, niñas y adolescentes.			De lo abstracto-general	
PROPÓSITO: Niños, niñas y adolescentes con logros de aprendizajes adecuados que contribuyen a su desarrollo en el distrito de Ventanilla.				
RESULTADOS: 1. Mejorar las condiciones de salud y nutrición de los niños, niñas y adolescentes estudiantes de las escuelas.	FINES			
2. Entorno social y familiar adecuado libre de violencia física y psicológica que facilita espacios educativos para niños, niñas y adolescentes.				
3. UGEL y Escuelas con una gestión pedagógica e institucional que asegura un servicio educativo de calidad orientado a resultados.				
4. Escuelas públicas con condiciones ambientales y de infraestructura adecuadas para garantizar una educación segura.				
ACCIONES RESULTADO 1: 1.1. Realizar campañas dinámicas de aprendizaje sobre alimentación y nutrición en las escuelas. 1.2 Realizar talleres informativos para padres de familia sobre temas de "Comer no es alimentarse", "Comprar alimentos nutritivos" y "En esta casa no hay anemia". 1.3 Implementar quioscos saludables que no venden comida chatarra. 1.4 Preparar y proponer loncheras nutritivas a los alumnos y padres de familia.	MEDIOS		Específico - Concreto	

ii) Lógica horizontal busca establecer los mecanismos que permitan comprobar el logro o cumplimiento de los cambios y medios enunciados en la columna Jerarquía de objetivos (Fin, Propósito, Resultados y Acciones). Los mecanismos que permiten realizar la comprobación a la cual nos referimos son las metas, los indicadores y las fuentes de verificación diseñadas para cada uno de los niveles verticales (Propósito, Resultados y Acciones).

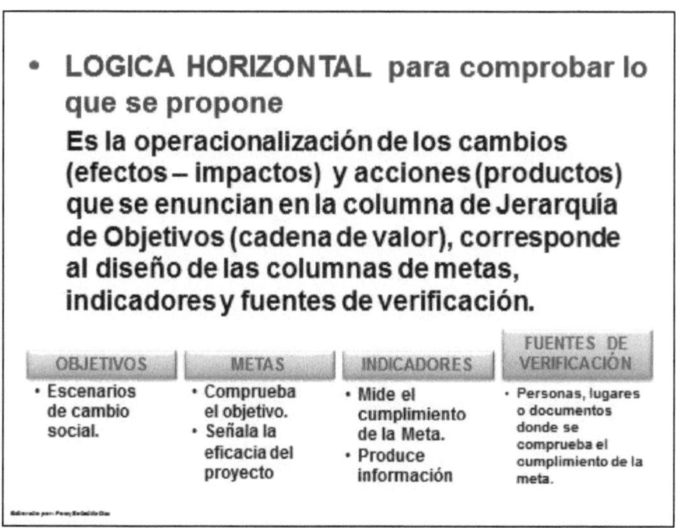

Para ilustrar este criterio lógico podemos mencionar un ejemplo:

Cuando se procede a elaborar la columna de metas e indicadores de la matriz del marco lógico, se deben formular mirando los niveles de la columna Jerarquía de Objetivos, es decir el Propósito, los Resultados y las Acciones.

Es así que cada nivel será operacionalizado horizontalmente a partir de las metas que deberán explicar cada cambio o modificación expresado en los objetivos y acciones de la primera columna de la matriz. Un paso más en la lógica horizontal será cuando se construye la columna Indicadores del marco lógico, con ello se busca hacer explícito la idea fuerza enunciada en cada una de las metas que le da origen. A este tipo de desagregación u operacionalización lineal se le conoce con el nombre de **lógica horizontal.**

Ejemplo de LOGICA HORIZONTAL del Marco Lógico – Trabajo Infantil				
Jerarquía de Objetivos	Metas	Indicadores	Fuentes de Verificación	Supuestos
	Explica o precisa los cambios propuestos en la jerarquía de objetivos → Permite cumplimiento o avance de los logros			
RESULTADO 3: Niños, niñas y adolescentes con logros de aprendizajes adecuados que contribuyen a su desarrollo integral en el distrito de Ventanilla.	El 80% de los estudiantes de las escuelas han incrementado sus capacidades para la comprensión de textos.	% de estudiantes tiene notas aprobadas en asignaturas referidas a las letras	Evaluación censal del MINEDU	
		% de estudiantes realizan buenos resúmenes de lecturas de manera oral y/o escrita.	Evaluación censal del MINEDU	
	El 80% de los estudiantes de las escuelas han incrementado sus capacidades para el razonamiento matemático.	% de estudiantes tiene notas aprobadas en asignaturas referidas a los números.	Evaluación Censal del MINEDU	
		% de estudiantes participa en olimpiadas de matemática y razonamiento lógico	Evaluación Censal del MINEDU	

OPERACIONALIZACIÓN

d) Construcción de la columna jerarquía de objetivos: fin, propósito, resultados y acciones

La jerarquía de objetivos es la columna vertebral o el componente más importante en la matriz del marco lógico de un programa o proyecto.

En dicha columna se propone la división del proyecto en cuatro niveles que deben diferenciar claramente los fines de los medios, es decir, los cambios o modificaciones esperados de las acciones necesarias para lograrlos. Los tres primeros niveles de la jerarquía de objetivos aluden a los cambios esperados (objetivos) y el último nivel corresponde a los medios necesarios para conseguir dichos cambios (acciones).

La secuencia u organización que se le atribuye a los cuatro niveles de la jerarquía de objetivos responde a las diferentes dimensiones de cambio propuestas por el proyecto, es decir, a la lógica jerárquica vertical del proyecto que debe considerar cambios o modificaciones que van de lo general a lo particular o de lo abstracto a lo concreto.

En esta columna, se plantean modificaciones o cambios y medios de distinta proporción o dimensión a través de los objetivos y acciones propuestas. El cumplimiento o logro de dichos objetivos y acciones de distintas dimensiones nos permite conocer los impactos (nivel del propósito), efectos (nivel de los resultados) y productos (nivel de las acciones) conseguidos con la ejecución de proyecto social. Por ello la necesidad fundamental de ubicarlos jerárquicamente.

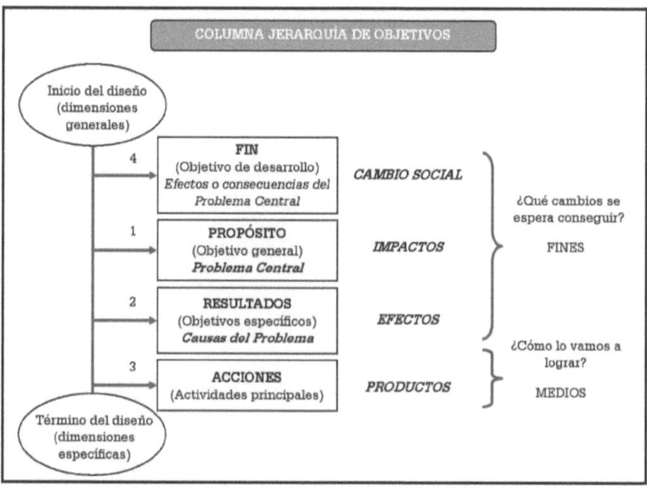

*Fuente: elaboración propia.

Luego de haber explicado la importancia de aplicar el criterio jerárquico vertical en la construcción de la columna de jerarquía de objetivos, es necesario señalar que este criterio por sí solo no garantiza la consistencia del diseño del proyecto.

Por ello, un requisito adicional es que, entre cada nivel de la jerarquía, exista, además de una secuencia lógica y articulada, un análisis y evaluación a partir de los criterios de suficiencia, pertinencia y coherencia.

- *Suficiencia* se refiere a que cada nivel definido contemple todos los aspectos necesarios que aseguren el cumplimiento del nivel superior que le corresponde.

- *Pertinencia* alude a que cada nivel definido debe ser formulado acorde con sus correlatos en el árbol de problemas y ser congruentes entre sí.

- *Coherencia* se refiere a que cada nivel definido esté relacionado o conectado de manera secuencial, lógica y jerárquica.

Estos criterios mencionados son fundamentales para evaluar el diseño de la columna de Jerarquía de objetivos, toda vez que un marco lógico implica el establecimiento de un conjunto de vinculaciones que se realizan en un marco de suposiciones, razón por la cual el proyecto es una hipótesis de acción que irá verificándose con la puesta en marcha del mismo.

A continuación, presentamos un gráfico que muestra las vinculaciones que existen entre los cuatro niveles de la jerarquía de objetivos de un marco lógico. Estas vinculaciones están orientadas por la situación de condicionalidad que supone un nivel en relación con otro.

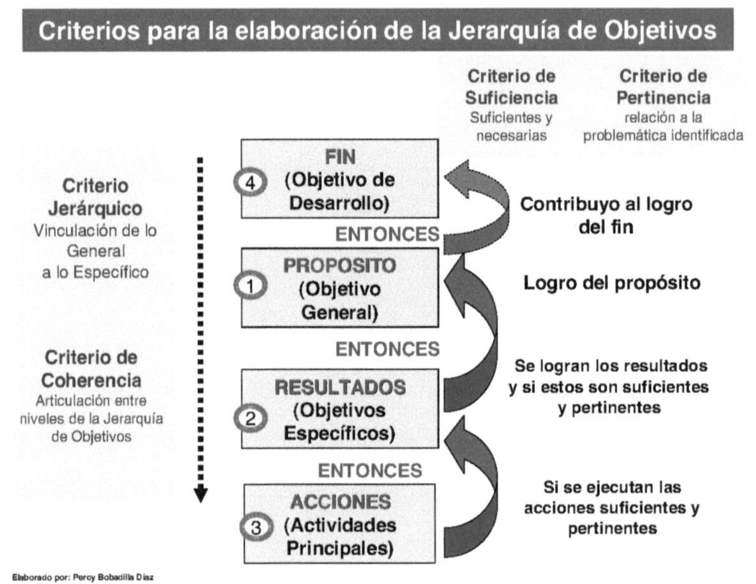

Es decir, si ejecutamos acciones, se logran los resultados; si logramos resultados, se consigue el propósito; y, si obtenemos el propósito, entonces estamos contribuyendo al logro del fin.

Todas estas vinculaciones condicionales que existen entre los cuatro niveles de la Jerarquía de objetivos deben estar acompañadas de un análisis que contemple los criterios de suficiencia, pertinencia y coherencia señalados.

Luego de haber explicado los criterios fundamentales a tomar en cuenta para el diseño de la columna de Jerarquía de objetivos, pasaremos a definir cada uno de los niveles que conforman dicha columna: Fin, Propósito, Resultados y Acciones.

Los primeros tres niveles corresponden a los cambios o modificaciones esperadas con el proyecto; el último nivel se refiere a los medios necesarios para lograr dichos cambios.

- **FIN u objetivo de desarrollo**: es el objetivo de mayor nivel jerárquico; permite tener un referente macrosocial de largo plazo en el cual se encuentran involucrados no solo la entidad que ejecuta el proyecto, sino también otras entidades o proyectos (Estado, ONGs, municipios, entre otros) que trabajan en el mismo tema. En ese sentido, la entidad ejecutora del proyecto aporta un nivel de contribución para el cumplimiento hacia el FIN.

- ***PROPÓSITO u objetivo general***: es el objetivo de impacto que el proyecto se compromete a cumplir al término de su ejecución. Todos los esfuerzos están orientados a su consecución. La formulación del propósito nace como respuesta al problema central identificado en el árbol de problemas.

- ***RESULTADOS u objetivos específicos:*** son los efectos esperados que el proyecto se propone alcanzar para garantizar el logro del propósito (impacto). Al igual que en el propósito, la consecución de los resultados es responsabilidad directa del proyecto y su diseño debe suponer que los resultados definidos deben ser <u>suficientes</u> para alcanzar el propósito. La formulación de los resultados nace del análisis y revisión de las causas del árbol de problemas y, en su conjunto, deben garantizar el logro del propósito. Pueden formularse entre tres y cinco resultados dependiendo de la complejidad del proyecto.

- ***ACCIONES o actividades:*** son los principales medios que deberán ejecutarse para asegurar el logro de los resultados definidos. Nos indican cómo se desarrollará el proyecto y el tipo de recursos humanos y materiales requeridos. Es necesario formular un conjunto de actividades por cada resultado definido. Al igual que en el nivel anterior, las acciones propuestas por cada resultado deben ser suficientes para garantizar su cumplimiento. Las actividades planteadas en este nivel son el insumo fundamental para la elaboración de los planes operativos y el presupuesto del proyecto.

Pasos para la construcción de la columna Jerarquía de objetivos

1. Se debe empezar por definir el segundo nivel de la jerarquía de objetivos, es decir, **el propósito u objetivo general del proyecto.** Así, se estará identificando el impacto o cambio de mayor jerarquía que el proyecto se compromete lograr. Para elaborar este nivel, se deberá tener como referente fundamental el problema central del árbol construido en la etapa de identificación y diagnóstico. Solo se debe elaborar un propósito por cada proyecto social.

2. Una vez formulado el propósito se debe continuar con los niveles inferiores de manera secuencial y ordenada hasta llegar al nivel de actividades. Es decir, primero se elaborarán los **resultados u objetivos específicos.** Para su formulación, deberá tenerse en consideración las causas identificadas del problema central del árbol construido. Se recomienda analizar de manera integral las causas tratando de agruparlas por tema o idea que las vincule con la finalidad de orientar mejor la construcción de los resultados de la matriz del marco lógico. No se recomienda formular por cada causa un resultado; se busca la reflexión y análisis sistémico para que sean consideradas un insumo útil en la construcción del nivel de los resultados de un proyecto social. Es importante elaborar el número de resultados necesarios y suficientes que aseguren el cumplimiento del nivel superior, es decir, del propósito. Es importante resaltar que un insumo adicional al árbol de problemas para la formulación del propósito (objetivo general) y los resultados (objetivos específicos) es el producto obtenido con el análisis e identificación sobre las potencialidades y

capacidades que se realiza en la fase de identificación para el diseño de todo proyecto social.

3. Seguidamente, se procede a identificar un conjunto de **acciones** por cada resultado definido. Estas acciones deberán ser las suficientes y necesarias para el cumplimiento del resultado al cual correspondan. No se requiere señalar tareas o sub-actividades, sino más bien identificar los medios principales que permitirán señalar el camino o la manera cómo se podrán lograr los resultados previstos en el nivel anterior. Al igual que para la formulación del propósito y los resultados, el análisis e identificación de las potencialidades y capacidades de la población objetivo es un insumo que debe ser utilizado para la formulación de las acciones.

4. Finalmente, una vez que tenemos definidos el propósito, los resultados y acciones, recién se podrá diseñar el nivel del **fin u objetivo de desarrollo**. Para su formulación, podrán tenerse en consideración las consecuencias o efectos identificados en el árbol de problemas. El análisis a seguir deberá contemplar el mismo criterio utilizado para el análisis de las causas en la formulación de los resultados. Es decir, es necesaria una reflexión integral de los efectos que permita identificar un cambio social de mayor envergadura que será expresado en el fin y que no es de exclusiva responsabilidad del proyecto social, sino de diversos actores que intervienen en una misma temática del desarrollo.

Algunos criterios a tomar en cuenta para la formulación de los objetivos (niveles de propósito y resultados)

Los objetivos aluden a los cambios o modificaciones (efectos e impactos) que esperamos lograr en el mediano y largo plazo en la realidad en la cual el proyecto pretende intervenir.

Para su formulación, se deben tener en cuenta los siguientes aspectos:

*   ¿Qué cambios esperamos lograr a partir de los problemas identificados?
*   ¿Con qué capacidades cuenta el proyecto para lograrlos?
*   ¿A dónde queremos llegar con esos cambios?

Para el desarrollo de las preguntas señaladas anteriormente, se deben tener como referentes diagnósticos precisos, las capacidades reales del equipo ejecutor, la disponibilidad del tiempo y motivaciones de la población objetivo y el análisis de factores externos positivos y negativos.

Los objetivos deben tener las siguientes características:

*   Ser claros, redactados en lenguaje sencillo
*   Concretos o breves
*   Realistas y viables
*   Pertinentes

Ejemplos de los errores más comunes en la formulación de objetivos.

* Traslado o confusión entre el objetivo de desarrollo y objetivo general o propósito del proyecto

Ejemplo del error	Ejemplo correcto
Contribuir al mejoramiento de la calidad de vida de los pequeños agricultores del valle de Tambo	Los pequeños agricultores del valle de Tambo incrementan sus ingresos debido a la alta productividad de la papa.

* Amplitud o sobredimensionamiento del objetivo

Ejemplo del error	Ejemplo correcto
Los pobladores del valle de del Tambo adquieren e incrementan sus capacidades técnicas productivas y de gestión logrando un acceso sostenible en mercados.	Los agricultores de papa han incrementado sus capacidades técnico-productivas.

* Confusión entre los objetivos y los medios o instrumentos para cumplirlos

Ejemplo del error	Ejemplo correcto
Se implementa un programa de capacitación y asistencia técnica para mejorar la productividad y calidad de la producción de papa.	Los agricultores de papa han incrementado sus capacidades técnico-productivas.

* Fusión de varios objetivos en uno

Ejemplo del error	Ejemplo correcto
Los pequeños agricultores del valle de Tambo incrementan sus ingresos, fortalecen sus organizaciones y desarrollan capacidades técnico-productivas.	Los pequeños agricultores del valle de Tambo incrementan sus ingresos debido a la alta productividad de la papa.

- Redacción confusa y uso de términos complejos

Ejemplo del error	Ejemplo correcto
Los pequeños agricultores amplían sus conocimientos y competencias mejorando la capacidad de los estandartes de calidad de la papa y su rendimiento técnico-económico.	Los agricultores de papa del valle de Tambo han mejorado la calidad de su producción.

- Formular los objetivos como productos o metas, minimizando la importancia de los procesos

Ejemplo del error	Ejemplo correcto
60% de los agricultores de papa incrementan sus conocimientos en técnicas agroproductivas.	Los agricultores de papa han incrementado sus capacidades técnico-productivas.

- No correspondencia entre los objetivos y el diagnóstico de problemas y necesidades.

Problema identificado: baja calidad de la producción de los pequeños agricultores de papa en el valle del Tambo

Ejemplo del error	Ejemplo correcto
Los pequeños agricultores mejoran sus habilidades en gestión y organización empresarial.	Los pequeños agricultores del valle de Tambo incrementan sus ingresos debido a la alta productividad de la papa.

- Objetivos expresados en función de los intereses de la institución, sin tomar en cuenta la perspectiva de los beneficiarios.

Necesidad de la población: mejorar sus conocimientos y habilidades en técnicas agroproductivas.

Necesidad de la institución: contar con 1 programa de capacitación en técnicas agroproductivas.

Ejemplo del error	Ejemplo correcto
Implementar un programa de capacitación.	Los agricultores de papa han incrementado sus capacidades técnico-productivas.

A continuación se presenta un ejemplo de la primera columna del marco lógico. Las acciones señaladas son referenciales para ilustrar los cuatro niveles que corresponden a esta primera columna.

Jerarquía de Objetivos	
IMPACTO	**PROPÓSITO:** Niños, niñas y adolescentes con logros de aprendizajes adecuados que contribuyen a su desarrollo integral en el distrito de Ventanilla.
EFECTO	RESULTADOS: 1. Salud y nutrición: **Mejorar las condiciones de salud y nutrición de los niños, niñas y adolescentes estudiantes de las escuelas.**
EFECTO	2. Buen Trato - Entorno Social y Familiar: **Entorno social y familiar adecuado libre de violencia física y psicológica que facilita espacios educativos para niños, niñas y adolescentes.**
EFECTO	3. Gestión Pedagógica e Institucional: **UGEL y Escuelas con una gestión pedagógica e institucional que asegura un servicio educativo de calidad orientado a resultados.**
EFECTO	4. Equipamiento e infraestructura: **Escuelas públicas con condiciones ambientales y de infraestructura adecuadas para garantizar una educación segura.**

Jerarquía de Objetivos	
PRODUCTO	ACCIONES RESULTADO 1: 1.1. Realizar campañas dinámicas de aprendizaje sobre alimentación y nutrición en las escuelas. 1.2 Realizar talleres informativos para padres de familia sobre temas de "Comer no es alimentarse", "Comprar alimentos nutritivos" y "En esta casa no hay anemia". 1.3 Implementar quioscos saludables que no venden comida chatarra. 1.4 Preparar y proponer loncheras nutritivas a los alumnos y padres de familia.

*Fuente: elaboración propia.

e) Construcción de la columna de supuestos

En la matriz del marco lógico, los supuestos representan los factores externos que escapan al control de las organizaciones y que, en principio, pueden repercutir notablemente en la ejecución de sus proyectos.

Todo proyecto social se mueve en un campo de incertidumbre cuyo conocimiento solo es posible mediante el acceso a determinado tipo de información; así, los supuestos marcan o identifican los hechos o tendencias externas al proyecto que debieran ser analizados o contemplados durante la ejecución del mismo.

Los supuestos deben ser formulados en términos positivos ya que están relacionados directamente con la viabilidad del proyecto. En ese sentido, formular un supuesto negativo estaría evidenciando la inviabilidad técnica de la propuesta de intervención.

Pasos para la formulación de la columna de Supuestos

1. Al diseñar los supuestos, se debe tener como referente la columna Jerarquía de objetivos, es decir, se deben formular supuestos para los niveles del propósito, resultados y acciones. No se definen supuestos para el nivel del fin, ya que este nivel es compartido por los diversos actores que trabajan un tema similar para promover el desarrollo y no es un compromiso exclusivo del proyecto social.

2. Se recomienda iniciar la formulación de los supuestos referidos a las acciones. La formulación de los supuestos de este nivel deben contemplar de manera integral el conjunto de acciones que corresponden a un resultado, es decir, se recomienda definir un solo supuesto por cada conjunto de actividades, debido a que todas las acciones en su mayoría están bajo el control del proyecto.

3. Seguidamente, se deben elaborar primero los supuestos para los resultados y luego para el propósito del marco lógico. Cada resultado deberá tener uno o varios supuestos, dependiendo de la naturaleza del proyecto. De igual manera, el nivel del propósito deberá contemplar uno o varios supuestos. La construcción de esta columna se realiza en forma inversa a cómo se diseña la columna Jerarquía de objetivos.

Criterios a tomar en cuenta para la formulación de la columna de Supuestos

Para la construcción de la columna de supuestos, el criterio a tomarse en cuenta es el de viabilidad. Es decir, los supuestos definidos deben evaluarse mirando su complementariedad con la jerarquía de objetivos.

Por ello, si cumplimos las acciones y se cumplen los supuestos definidos a este nivel, entonces se cuenta con las condiciones de viabilidad necesarias para el logro de un resultado. Si se cumplen los resultados y se cumplen los supuestos definidos a este nivel, entonces el proyecto cuenta con la viabilidad técnica y social requerida para el logro del nivel del propósito.

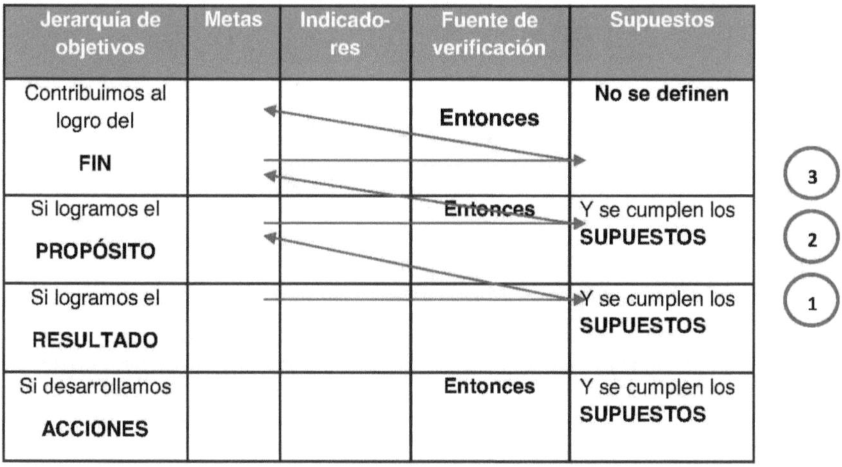

Jerarquía de objetivos	Metas	Indicado-res	Fuente de verificación	Supuestos
Contribuimos al logro del **FIN**			**Entonces**	**No se definen**
Si logramos el **PROPÓSITO**			**Entonces**	Y se cumplen los **SUPUESTOS**
Si logramos el **RESULTADO**				Y se cumplen los **SUPUESTOS**
Si desarrollamos **ACCIONES**			**Entonces**	Y se cumplen los **SUPUESTOS**

Se presenta a manera de ejemplo la columna de Supuestos del marco lógico continuando con la información del proyecto.

Jerarquía de Objetivos	Metas	Indicadores	Fuentes de Verificación	Supuestos
FIN: Contribuir al desarrollo integral de los niños, niñas y adolescentes.				
PROPÓSITO: Niños, niñas y adolescentes con logros de aprendizajes adecuados que contribuyen a su desarrollo en el distrito de Ventanilla.				Participación del Gobierno Local y la UGEL Ventanilla en el tema de educación. El Estado prioriza la inversión y mayor presupuesto en Educación
RESULTADOS: 1. Mejorar las condiciones de salud y nutrición de los niños, niñas y adolescentes estudiantes de las escuelas.				Participación activa de padres de familia y alumnos. Acompañamiento de organizaciones y sectores del Estado (MINSA, MINEDU).
2. Entorno social y familiar adecuado libre de violencia física y psicológica que facilita espacios educativos para niños, niñas y adolescentes.				
3. UGEL y Escuelas con una gestión pedagógica e institucional que asegura un servicio educativo de calidad orientado a resultados.				Participación del Gobierno Local y la UGEL Ventanilla en el tema de educación. El Estado prioriza la inversión y mayor presupuesto en Educación
4. Escuelas públicas con condiciones ambientales y de infraestructura adecuadas para garantizar una educación segura.				

*Fuente: elaboración propia.

f) Formulación de Metas para cada nivel de la Jerarquía de Objetivos del Marco Lógico.

La tercera columna del marco lógico corresponde a las Metas que permitirán conocer -con el cumplimiento o no de las mismas- el logro de los objetivos y acciones señaladas en el marco lógico.

En algunas versiones del marco lógico esta columna es denominada Indicadores Objetivamente Verificable, no obstante es importante tener claro la diferencia metodológica que existe entre una meta y un indicador.

La meta corresponde al logro cuantificable al final de un proceso con criterios de cantidad, calidad y tiempo. Es decir es el compromiso tangible y explícito que se señala como medio de comprobación de un determinado logro. Los objetivos (propósito y resultados) en un marco lógico, son los logros esperados redactados como escenarios futuros de cambio, no obstante su formulación es abstracta y necesariamente deben ser operacionalizados en metas.

Las metas se formulan para cada uno de los niveles del marco lógico. Es así que:

- Metas de impacto corresponden al nivel del Propósito u Objetivo General.
- Metas de efecto corresponden al nivel de los Resultados u Objetivos Específicos.
- Metas de producto corresponden al nivel de las Acciones o Actividades.

La exigencia de considerar METAS para cada nivel de la Jerarquía de Objetivos se fundamenta en la necesidad de explicar qué cosas queremos lograr específicamente con los procesos de cambio enunciados en ellos.

Consideraciones para la elaboración de metas en el marco lógico de un programa o proyecto:

① *CUANTIFICAR*: definir en qué cantidad porcentual o nominal vamos a cambiar o modificar determinada realidad.

② *CALIDAD*: establece específicamente el parámetro o marco de referencia para indicar lo que se mejorará de la realidad en la que vamos a intervenir teniendo en cuenta los objetivos propuestos.

③ *TIEMPO*: especifica el horizonte temporal en el cual se alcanzarán los resultados. Se pueden expresar en años y meses.

Los pasos para formular las metas que permitan evaluar y monitorear la columna de jerarquía de objetivos de un marco lógico correspondiente a un programa o proyecto son los siguientes:

Paso 1: Identificar la idea fuerza que alude al cambio en el propósito u objetivos general y en los resultados u objetivos específicos del proyecto. Esta idea fuerza o variable que alude al cambio alude al impacto esperado para revertir o superar determinado problema. Si el objetivo tiene más de una idea fuerza o variable que alude al cambio estas deberán ser identificadas, asegurando que todos los aspectos referidos al impacto sea debidamente identificados para la construcción de metas a partir de las cuales se medirá el cumplimiento o no del objetivo.

Paso 2: Luego de tener la idea fuerza o variable que alude al cambio se debe conceptualizar o definir dicho conceptos. Es importante elaborar una clara descripción de fondo y forma sobre cómo se entienden o interpretan estas ideas fuerza o variables. Esta etapa permitirá consensuar entre los participantes del proceso de diseño del programa o proyecto, una interpretación o conceptualización de cada una de las ideas de cambio que se enuncian en los objetivos del proyecto, asegurando el mismo entendimiento sobre estas y por tanto apropiando los compromisos que asumen con la ejecución de la intervención.

La conceptualización que se obtenga de cada una de las ideas fuerza o variables de cambio será el insumo principal para el diseño de los indicadores del programa y proyecto.

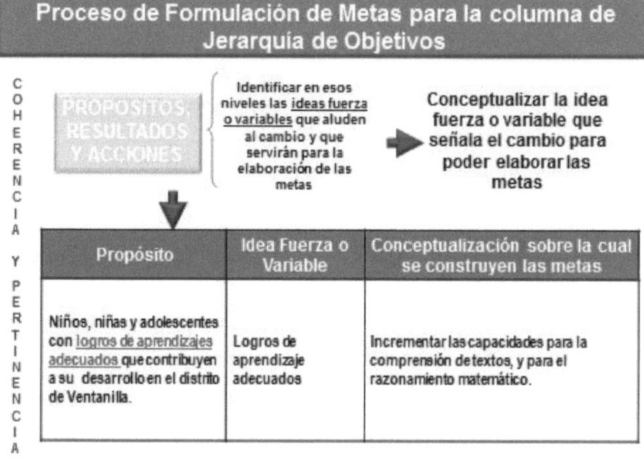

Paso 3:   Utilizando la conceptualización realizada para cada una de las ideas fuerza o variables identificadas se debe redactar la meta, entendiendo que esta formulación debe responder a un logro cuantificable con criterios de cantidad, calidad y tiempo.

Ejemplo:

El 80% (cantidad) de los estudiantes de las escuelas han incrementado sus capacidades para la comprensión de textos (calidad) al final del proyecto (tiempo).

Proceso de Formulación de Metas por cada nivel de la columna de Jerarquía de Objetivos			
Propósito	Idea fuerza del cambio enunciado en el objetivo	Conceptualización	Metas (con criterios de cantidad, calidad y tiempo)
Niños, niñas y adolescentes con <u>logros de aprendizajes adecuados</u> que contribuyen a su desarrollo en el distrito de Ventanilla.	Logros de aprendizaje adecuados	Incrementar las capacidades para la comprensión de textos, y para el razonamiento matemático.	*¿Cómo sabemos que se adoptan estilos de vida saludables?* • El 80% de os estudiantes de las escuelas han incrementado sus capacidades para la comprensión de textos al final del proyecto. • El 80% de los estudiantes de las escuelas han incrementado sus capacidades para el razonamiento matemático al final del proyecto.

Elaborado por: Persy Bobadilla Díaz

Este procedimiento metodológico debe realizarse para la formulación de metas que corresponden al nivel de impacto (Propósito u Objetivo General) y al nivel de efecto (Resultados u Objetivos Específicos), pues la complejidad para medir el cumplimiento de una finalidad, cambio o modificación que es lo que debe caracterizar el diseño de objetivos de un programa o proyecto con valor público, lo amerita.

Ejemplo:

Propósito del Marco Lógico	Meta de Impacto
Mejorar progresivamente los logros de aprendizaje de los niños, niñas y adolescentes del distrito de Ventanilla.	Los alumnos de las escuelas EFI han incrementado en 50% los logros de aprendizaje en comprensión de textos al final del proyecto.
	Los alumnos de las escuelas EFI han incrementado en 50% los logros de aprendizaje en razonamiento matemático al final del proyecto.

Resultado del Marco Lógico	Meta de Efecto
Mejorar las condiciones de salud y nutrición de los niños, niñas y adolescentes estudiantes de las escuelas EFI.	Reducción en 60% de la cantidad de alumnos que tenían anemia y desnutrición al final de cada año escolar.
	El 80% de los alumnos conocen y practican hábitos de higiene al final de cada año escolar.

A diferencia del nivel de las acciones o actividades. El marco lógico por cada resultado u objetivo específico formula un conjunto de acciones como medios, corresponde entonces diseñar metas de producto, es decir servicios o bienes concretos y tangibles, cuya formulación no requiere pasar por el proceso anteriormente descrito.

Ejemplo:

Acción o Actividad del Marco Lógico	Meta de Producto
Realizar campañas dinámicas de aprendizaje sobre alimentación y nutrición en las escuelas.	10 campañas dinámicas de aprendizaje sobre alimentación y nutrición en las escuelas realizadas al final del año escolar.

Luego de tener formuladas las columnas de Jerarquía de Objetivos, Metas y Supuestos corresponde pasar a diseñar los indicadores para evaluar y monitoreo el programa y proyecto que se diseña.

g) Identificación de indicadores de monitoreo y evaluación del marco lógico

Los indicadores son unidades de medida específica, explícita y objetivamente verificable de los cambios propuestos en el nivel de los objetivos, así como los productos obtenidos con la ejecución de las actividades planificadas en el proyecto social.

En ese sentido, estos se convierten en un instrumento necesario para señalar (indicar) la información que nos permita conocer los progresos alcanzados hacia el cumplimiento de las metas de cada uno de los niveles de la jerarquía de objetivos del proyecto social.

Es importante no confundir los conceptos de objetivos, metas e indicadores; por ello, debemos considerar que:

- Los objetivos aluden al cambio que se espera lograr.
- Las metas son logros cuantificables en términos de cantidad, calidad y tiempo.
- Los indicadores son medidas específicas (unidades de medida) que dan cuenta del progreso alcanzado en el cumplimiento de las metas.

Los indicadores, al igual que en el caso de las metas, explicitan los cambios propuestos a partir de la idea fuerza enunciada en la meta (del propósito y de los resultados), señalando la información requerida que deberá ser recogida en proceso para conocer o comprobar el logro o avance de las metas formuladas para cada nivel de la columna "Jerarquía de objetivos".

Tipos de indicadores de acuerdo a la Jerarquía de objetivos

Tomando como referencia los niveles de la jerarquía de objetivos del marco lógico se han identificado tres tipos de indicadores, los mismos que se presentan a continuación:

- *Indicadores de impacto*: identifican la información necesaria a recoger para medir los cambios que se esperan obtener al final del proyecto, es decir, con el logro del propósito u objetivo general. A este nivel se intenta conocer y medir las situaciones finales o cambios fundamentales que se han logrado producir en la población objetivo al término del proyecto social.

- *Indicadores de efecto:* identifican la información requerida para medir los cambios que se van a producir con la ejecución del proyecto, es decir, con el logro de los resultados u objetivos específicos. En ese sentido, a estos indicadores también se les conoce con el nombre de indicadores de proceso. A diferencia de los indicadores de impacto los indicadores de efecto se refieren a las consecuencias o cambios parciales que vamos obteniendo en el mediano plazo y que van definiendo el avance para lograr los cambios fundamentales o las situaciones finales.

- *Indicadores de producto:* señalan la información necesaria para conocer si las metas planteadas al nivel de las acciones se han cumplido en el tiempo y con los recursos previstos. Los indicadores de este nivel son simples y sencillos de formular; así, en algunos casos se podrán formular definiendo solo el cumplimiento de la meta (cumplido o no cumplido) o definiendo la unidad de medida porcentual o nominal del producto estipulado en la meta.

Sin embargo, es importante mencionar que las metas correspondientes al nivel de las acciones pueden ser medidas verificando la calidad de las mismas. En ese sentido, la definición de indicadores que permitan identificar información para conocer el cumplimiento de productos se hace un poco más compleja, ya que al intentar evaluar la **calidad de una actividad** se miden diversos aspectos que no son explícitos en la identificación de un producto como beneficio al final de la ejecución de una actividad.

Por ejemplo, el indicador "número de capacitados" alude a un producto conseguido luego de un taller de capacitación. Para evaluar la calidad de ese producto, se deben identificar indicadores adicionales que complementen al primero, tales como "número de participantes que termina el taller", "número de participantes satisfechos con el taller de capacitación".

Finalmente, es importante mencionar que a partir de los tipos de indicadores mencionados se diferencian las labores de monitoreo y evaluación de los proyectos de desarrollo. En ese sentido, los indicadores de impacto y efectos son evaluados y los indicadores de producto son monitoreados durante la ejecución de un proyecto social. El tema de monitoreo y evaluación será desarrollado en la tercera sección de este módulo.

*Fuente: elaboración propia.

El proceso metodológico para el diseño de indicadores correspondiente al nivel de impacto y efecto es similar al que hemos visto para la formulación de las metas. Sólo que para diseñar indicadores debemos identificar la idea fuerza o variable desde la meta

Pasos para la formulación de la columna de Indicadores

1. Los indicadores se definen a partir de las metas propuestas para cada nivel de la columna de jerarquía de objetivos. Para ello se debe identificar la idea fuerza que se enuncia en la meta.

2. A partir de la idea fuerza o variable identificada en la meta se debe proceder con la conceptualización o definición del significado de dicha variable. Para complementar este análisis se puede utilizar la pregunta:

    ¿Qué información se deberá recoger de la realidad para conocer el cumplimiento de la meta?

3. La definición de los indicadores puede iniciarse ya sea desde el propósito o desde la acciones, ya que esta columna es una explicitación de las metas y el requisito fundamental es que cumplan con el criterio de coherencia y pertinencia que debe existir entre los indicadores de una meta en particular.

4. Al igual que en el caso de las metas no se recomienda definir indicadores para el nivel del fin u objetivo de desarrollo.

A continuación, se presenta un gráfico que ilustra el proceso metodológico señalado para el diseño o construcción de indicadores del nivel de impacto y efecto.

Meta de Propósito	Idea Fuerza o Variable	Conceptualización sobre la cual se construyen las metas
El 80% de los estudiantes de las escuelas han incrementado sus capacidades para la comprensión de textos al final del proyecto.	*Capacidades para comprensión de textos*	Los estudiantes elaboran resúmenes de lectura con una adecuada argumentación y los pueden transmitir de manera oral y escrita. Asimismo, tienen resultados aprobatorios en las asignaturas de letras.

*Fuente: elaboración propia.

Proceso de Formulación de Indicadores por cada Meta de Propósito y Resultados

Meta del Propósito	Idea fuerza del cambio enunciado en el objetivo	Conceptualización	Indicadores
El 80% de los estudiantes de las escuelas han incrementado sus capacidades para la comprensión de textos al final del proyecto.	Capacidades para comprensión de textos	Los estudiantes elaboran resúmenes de lectura con una adecuada argumentación y los pueden transmitirlos de manera oral y escrita. Asimismo, tienen resultados aprobatorios en las asignaturas de letras.	¿Cómo sabemos que tienen capacidades para comprender textos ....? • % de estudiantes que logran notas aprobadas en asignaturas referidas a las letras. • % de estudiantes que elaboran resúmenes de lecturas con una adecuada argumentación y pueden transmitirlos de manera oral y/o escrita.

Los indicadores para las metas de producto no requieren utilizar este procedimiento, ya que estos aluden a medios concretos y se formulan repitiendo la idea fuerza en la meta sin incluir el criterio de cantidad.

A continuación algunos ejemplos de indicadores:

METAS DEL PROPÓSITO	INDICADORES DE IMPACTO
Los alumnos de las escuelas EFI han incrementado en 50% los logros de aprendizaje en comprensión de textos.	% de alumnos tiene notas aprobadas en asignaturas referidas a las letras
	% de alumnos realizan buenos resúmenes de lecturas de manera oral y/o escrita.
Los alumnos de las escuelas EFI han incrementado en 50% los logros de aprendizaje en razonamiento matemático.	% de alumnos tiene notas aprobadas en asignaturas referidas a los números
	% de alumnos participa en olimpiadas de matemática y razonamiento lógico

METAS DEL RESULTADO	INDICADORES DE EFECTO
Reducción en 60% de la cantidad de alumnos que tenían anemia y desnutrición.	% de alumnos que tiene talla y peso acorde a su edad
El 80% de los alumnos conocen y practican hábitos de higiene al final del año escolar.	% de alumnos realizan el lavado de manos al menos 3 veces al día (antes de comer y después de ir al baño).

METAS DE PRODUCTO A NIVEL DE ACCIÓN O ACTIVIDAD	INDICADORES DE PRODUCTO
90% de alumnos atendidos y apoyados a través del servicio de "Protección y Familia" de la Gerencia de Educación de la Municipalidad.	Porcentaje de alumnos atendidos y apoyados a través del servicio de "Protección y Familia" de la Gerencia de Educación de la Municipalidad.

Finalmente, se debe precisar que la correcta elaboración de indicadores permitirán diseñar sistemas de monitoreo y evaluación diferenciando los impactos y efectos – en el mediano y largo plazo - de las productos o insumos – en el corto plazo- que se esperan conseguir. Son a partir de los indicadores que se deben identificar los ítems de registro o preguntas para formular los instrumentos de recojo de información tanto para fuente primarias (personas) como secundarias (documentos, lugares). Esta información debidamente recogida permitirá contar con data o evidencia para calcular o estimar el avance o logro de una determinada meta y por consecuencia el cumplimiento de un objetivo.

h) Construcción de las columnas de fuentes de información o verificación

Las fuentes de verificación son los medios, espacios o personas a través de los cuales se puede encontrar la información requerida por el indicador. Es a partir de estas fuentes que se puede dotar de información para constatar y verificar el cumplimiento de las metas de todos los niveles de la jerarquía de objetivos y, por ende, el logro de los objetivos propuestos en un proyecto social.

Existen dos tipos de fuentes:

- *Fuentes primarias*: estas hacen referencia a las personas a partir de las cuales se puede conseguir la información definida por el indicador.

- *Fuentes secundarias:* estas hacen referencia a los datos o documentos en los cuales se podrá recoger la información solicitada por el indicador.

Es importante no confundir las fuentes de verificación con los instrumentos o técnicas de recolección de información (encuestas, entrevistas, grupos focales). Estos últimos aluden a la forma cómo se va a recoger la información señalada por el indicador a diferencia de las fuentes de verificación que indican dónde encontraremos dicha información requerida. Para mayor información se presenta el cuadro a continuación:

FUENTES DE INFORMACIÓN		INSTRUMENTOS	
Primarias (personas): agricultores, familias campesinas, jóvenes, mujeres, niños y niñas vulnerables, etc.	Dependiendo del tamaño de la población objetivo y de los recursos con los que cuenten se podrá establecer un diseño muestral representativo y generalizable por principios estadísticos.	- Encuesta - Entrevistas en profundidad - Entrevistas semi-estructuradas - Guías de observación participante. - Grupos focales - Talleres participativos.	Es importante la combinación de técnicas e instrumentos cuantitativos y cualitativos en fuentes primarias para la evaluación de proyectos. La información cualitativa que se recoja a través de grupos focales, talleres participativos, entrevistas en profundidad permitirá complementar el análisis interpretativo de los datos cuantitativos encontrados.
Secundarias (documentos, espacios): censos, encuestas anteriores, estadísticas oficiales, estudios o diagnósticos situacionales previos.	No se necesita un tamaño muestral. Sin embargo, es de vital importancia identificar claramente cuáles serán los documentos o espacios donde deberán analizar la información requerida por la línea de base.	- Ficha de registro de información secundaria. - Guías de observación. - Revisión de bibliografía. - Revisión y análisis de bases de datos.	El trabajo con fuentes secundarias permitirá contar con una sistematización de información cuantitativa y cualitativa. Esta servirá para establecer puntos de partida, así como contar con información histórica para aquellos indicadores que así lo requieran.

Pasos para la formulación de la columna de Fuentes de verificación

- Las fuentes deben ser identificadas por cada indicador definido precisando con claridad y exactitud la persona, espacio o documento de donde se recogerá la información del indicador.

- Es recomendable identificar las fuentes de verificación para todos los niveles establecidos en la columna de jerarquía de objetivos en relación directa con los indicadores, ya que dichas fuentes, junto con los indicadores, son aspectos importantes para el diseño de los sistemas de monitoreo y evaluación de proyectos de desarrollo.

- No existe un orden establecido para la identificación de las fuentes de verificación; se puede empezar por cualquier nivel del marco lógico. Lo importante es tener en cuenta el criterio de pertinencia en relación con el indicador una vez asignada la fuente de verificación.

A manera de ejemplo, presentamos las fuentes de verificación identificadas para cada uno de los indicadores formulados del marco lógico:

Ejemplo del Marco Lógico

Jerarquía de Objetivos	Metas	Indicadores	Fuentes de Verificación	Supuestos
FIN: Contribuir a a la reducción de la morbilidad y reducción de enfermedades diarreicas en niños y niñas menores de tres años de edad de familias espacios rurales.				
PROPÓSITO: Espacios saludables consolidados a nivel de los hogares y comunidad en la región Cajamarca.	• 80% de las familias rurales cuentan con condiciones de habitabilidad adecuadas que les permite una vida saludable al final del proyecto.	**Índice de condiciones habitabilidad** (% familias que ejercen prácticas que vinculan i) hábitos de higiene, ii) de alimentación y iii) cuidado del medio ambiente en la vida cotidiana) % de familias que consumen agua segura y saludable.	Familias	Participación del Gobierno Local y Regional en el tema de agua y saneamiento.
	• 80% de las familias rurales asumen sostenidamente los costos en los servicios de operación y mantenimiento de las obras de agua y saneamiento en su comunidad al final del proyecto.	% de familias rurales que pagan mensual o bimensual la cuota definida para administración y mantenimiento de los servicios A&S.	Familias	El Estado prioriza la inversión en agua y saneamiento rural a través de regalías, canon o fondos públicos.
RESULTADOS: 1. Las familias rurales incorporan prácticas saludables y ambientales en la crianza de sus hijos y a nivel comunal.	• 90% de los niños y niñas rurales conocen y practican hábitos de higiene al final del proyecto.	% de niños y niñas que realizan el lavado de sus manos al menos 3 veces al día (antes de comer y después de ir al baño).	Niños y niñas Padres de Familia	Participación activa de la población, organizaciones y sectores del Estado (MINDA, MINEDU).
		% de niños y niñas que toman un baño personal al menos tres veces por semana.	Niños y niñas Padres de Familia	
	• 90% de las familias rurales cuidan el medio ambiente en la comunidad al final del proyecto.	% do familias que botan basura en lugares establecido en la comunidad. % de familias que practican hábitos de reciclaje y salubridad.	Familias	

*Fuente: elaboración propia

EJEMPLO COMPLETO DEL MARCO LÓGICO

	Jerarquía de Objetivos	Metas	Indicadores	Fuentes de Verificación	Supuestos
IMPACTO	**PROPÓSITO:** **Mejorar progresivamente los logros de aprendizaje de los niños, niñas y adolescentes del distrito de Ventanilla.**	Los alumnos de las escuelas EFI han incrementado en 50% los logros de aprendizaje en comprensión de textos.	% de alumnos tiene notas aprobadas en asignaturas referidas a las letras % de alumnos realizan buenos resúmenes de lecturas de manera oral y/o escrita.	Evaluación censal del MINEDU	Participación del Gobierno Local y la UGEL Ventanilla en el tema de educación. El Estado prioriza la inversión y mayor presupuesto en Educación.
		Los alumnos de las escuelas EFI han incrementado en 50% los logros de aprendizaje en razonamiento matemático.	% de alumnos tiene notas aprobadas en asignaturas referidas a los números % de alumnos participa en olimpiadas de matemática y razonamiento lógico	Evaluación Censal del MINEDU	
EFECTO	**RESULTADOS:** 1. <u>Salud, nutrición y buen trato:</u> **Mejorar las condiciones de salud y nutrición de los niños, niñas y adolescentes estudiantes de las escuelas EFI.**	Reducción en 60% de la cantidad de alumnos que tenían anemia y desnutrición.	% de alumnos que tiene talla y peso acorde a su edad	Docentes de escuelas EFI	Participación activa de padres de familia y alumnos. Acompañamiento de organizaciones y sectores del Estado (MINSA, MINEDU).
		El 80% de los alumnos conocen y practican hábitos de higiene al final del año escolar.	% de alumnos realizan el lavado de manos al menos 3 veces al día (antes de comer y después de ir al baño).	Padres de familia, y alumnos	

	Jerarquía de Objetivos	Metas	Indicadores	Fuentes de Verificación	Supuestos
EFECTO	2. Participación: **Docentes y padres de familia mantienen un entorno adecuado, alejado de la violencia física y psicológica, para la educación de los estudiantes.**	Disminución en 50% de los casos presentados y atendidos referentes al maltrato físico o psicológico de los estudiantes.	% de casos que son identificados en los tres niveles educativos.	Docentes, padre de familia y alumnos.	Participación del Gobierno Local y la UGEL Ventanilla en el tema de educación. El Estado prioriza la inversión y mayor presupuesto en Educación
			% de estudiantes que tienen un resultado satisfactorio en evaluación sicológica.		
EFECTO	3. Aprendizaje de calidad – Gestión eficiente: **Consolidar una gestión pedagógica educativa local de calidad que monitoree los avances planteados en el plan educativo.**	Cumplimiento del 80% de objetivos y metas planteado en el Plan Educativo de las escuelas EFI	% de padres de familia considera que la gestión educativa de las escuelas EFI es mejor que el de las escuelas tradicionales	Padres de familia	
			% de docentes y auxiliares de las escuelas EFI aprueba satisfactoriamente la autoevaluación y los alcances obtenidos por el monitoreo	Docentes y auxiliares de escuelas EFI	
EFECTO	4. Equipamiento e infraestructura: **Condiciones ambientales y de infraestructura en las escuelas como garantía de una educación segura.**	El 90% de las escuelas EFI tiene buena infraestructura y un espacio interno destinado a áreas verdes	% de las escuelas EFI ha sido aprobado por las inspecciones de Defensa Civil como seguras	Informe de Defensa Civil	
			% de las escuelas EFI tiene los servicios básicos y que promueven el cuidado del ambiente en buenas condiciones	Evaluación Censal del MINEDU	

*Fuente: elaboración propia.

1. Salud, nutrición y buen trato: Mejorar las condiciones de salud y nutrición de los niños, niñas y adolescentes estudiantes de las escuelas EFI.

	Jerarquía de Objetivos	Metas	Indicadores	Fuentes de Verificación	Supuestos
PRODUCTO	**ACCIONES RESULTADO 1:** 1.1. Realizar campañas dinámicas de aprendizaje sobre alimentación y nutrición en las escuelas.	10 campañas dinámicas de aprendizaje sobre alimentación y nutrición en las escuelas realizadas al final del año escolar	Número de campañas dinámicas de aprendizaje sobre alimentación y nutrición ejecutado en las escuelas.	Informes de Monitoreo del Proyecto	Participación del Gobierno la UGEL Ventanilla en el t educación.
			% de padres de familia que participaron en las campañas de aprendizaje sobre alimentación y nutrición	Reporte de padres de familia participantes en las campañas	
	1.2 Realizar talleres informativos para padres de familia sobre temas de "Comer no es alimentarse", "Comprar alimentos nutritivos" y "En esta casa no hay anemia".	5 talleres informativos para padres de familia sobre temas de nutrición al final del año escolar	Número de talleres informativos para padres de familia sobre temas de nutrición realizados.	Informes de Monitoreo del Proyecto	
	1.3 Implementar quioscos saludables que no venden comida chatarra.	El 100% de escuelas EFI tienen instalado por lo menos un quiosco saludable al interior de la escuela.	Porcentaje de escuelas EFI que tiene instalado por lo menos un quiosco saludable al interior de la escuela	Informes de Monitoreo del Proyecto	
	1.4 Preparar y proponer loncheras nutritivas a los alumnos y padres de familia.	El 90% de padres que han recibido capacitación para preparar una lonchera nutritiva.	Porcentaje de alumnos que proponen a sus padres llevar en sus loncheras alimentos nutritivos	Padres de familia	

2. Participación: Promover la participación de docentes y padres de familia para mantener un entorno adecuado, alejado de la violencia física y psicológica, para la educación de los estudiantes.

	Jerarquía de Objetivos	Metas	Indicadores	Fuentes de Verificación	Supuestos
PRODUCTO	**ACCIONES RESULTADO 2:** 2.1. Brindar atención integral a los alumnos a través del servicio de "Protección y Familia" de la Gerencia de Educación de la Municipalidad.	90% de alumnos atendidos y apoyados a través del servicio de "Protección y Familia" de la Gerencia de Educación de la Municipalidad.	Porcentaje de alumnos atendidos y apoyados a través del servicio de "Protección y Familia" de la Gerencia de Educación de la Municipalidad.	Reporte de alumnos atendidos en el servicio de "Protección y Familia" de la Gerencia de Educación	Participación del Gobierno Local y la UGEL Ventanilla en el tema de educación.
	2.2 Asesorar el manejo y derivar los casos atendidos con redes sociales y entidades públicas (Juzgado de Familia, Dirección Investigación Tutelar, RENIEC, MINEDU y entidades públicas y privadas) para la reinserción e inserción escolar.	80% de casos recepcionados son derivados a las entidades competentes.	Porcentaje de casos recepcionados derivados a las entidades competentes.	Informes de Monitoreo del Proyecto.	
		60% de casos recepcionados cuentan con asesoría y tratamiento sicológico.	Porcentaje de casos atendidos con asesoría y/o tratamiento sicológico	Estudiantes Informe de Monitoreo del Proyecto	
	2.3 Realizar el seguimiento de los casos atendidos y derivados de niños, niñas y adolescentes.	Al menos una visita trimestral de seguimiento a los casos atendidos o derivados.	Número de visitas de seguimiento a los casos atendidos o derivados de alumnos afectados por algún tipo de violencia física y/o psicológica	Informes de Monitoreo del Proyecto	
	2.4 Diseñar y ejecutar actividades de proyección a la comunidad, como pasacalles destinados a visibilizar el buen trato y el cumplimiento de derechos, como tarea compartida entre la escuela y la comunidad local.	6 pasacalles para proyectar a la comunidad el buen trato y cumplimiento de derechos de los niños, niñas y adolescentes	Número de pasacalles realizados para proyectar a la comunidad el buen trato y cumplimiento de derechos de los niños, niñas y adolescentes	Informes de Monitoreo del Proyecto	

3. Aprendizaje de calidad – Gestión eficiente: Brindar una gestión pedagógica educativa local que monitoree los avances planteados en el plan educativo.

	Jerarquía de Objetivos	Metas	Indicadores	Fuentes de Verificación	Supuestos
PRODUCTO	**ACCIONES RESULTADO 3:** 3.1. Diseñar y ejecutar las Actividades EFI del Servicio Psicopedagógico.	Ejecución del 60% de actividades EFI diseñadas como parte del trabajo que brinda el Servicio Psicopedagógico al final del año escolar.	Porcentaje de actividades EFI operativas que brinda el Servicio Psicopedagógico al final del año escolar.	Informes de Monitoreo del Proyecto	Participación del Gobierno Local, ONG y Organizaciones afines, y la UGEL Ventanilla en el tema de educación.
	3.2 Realizar talleres de fortalecimiento de capacidades a docentes y directivos.	5 talleres de fortalecimiento de capacidades a docentes y directivos ejecutados por la gestión de la UGEL Ventanilla.	Número de talleres de fortalecimiento de capacidades a docentes y directivos ejecutados por la gestión de la UGEL Ventanilla	Informes de Monitoreo del Proyecto	
		80% de docentes y directivos capacitados	Porcentaje de docentes y directivos capacitados		
	3.3 Ejecutar actividades educativas complementarias como fortalecimiento a la enseñanza (visita a la biblioteca municipal, promoción del turismo interno del distrito, visita a huertos, buenas prácticas de responsabilidad social y medio ambiente,etc)	5 actividades educativas complementarias como fortalecimiento a la enseñanza impartida en las escuelas EFI al final del año escolar.	Número y tipo de actividades educativas complementarias como fortalecimiento a la enseñanza impartida en las escuelas EFI al final del año escolar.	Informes de Monitoreo del Proyecto	
	3.4 Realizar trimestralmente la autoevaluación del trabajo de los docentes.	3 autoevaluaciones del trabajo de los docentes realizados durante año escolar	Número de autoevaluaciones del trabajo de los docentes realizados durante el año escolar	Informes de Monitoreo del Proyecto	
	3.5. Proponer la realización de jornadas críticas de avance del plan educativo.	5 jornadas críticas de avance del plan educativo realizados durante el año escolar	Número de jornadas críticas de avance del plan educativo realizados durante el año escolar	Docentes de escuelas EFI	
			Número de jornadas críticas de avance del plan educativo realizados "extraoficialmente" durante el año escolar		

3. Aprendizaje de calidad – Gestión eficiente: Brindar una gestión pedagógica educativa local que monitoree los avances planteados en el plan educativo.

Jerarquía de Objetivos	Metas	Indicadores	Fuentes de Verificación	Supuestos
3.6 Complementar la autoevaluación a partir de "indicadores amigables de calidad educativa" para cada uno de los componentes del modelo EFI.	El 80% de indicadores amigables presentan avances en color verde (semaforización)	Porcentaje de indicadores amigables que presentan avances en color verde (semaforización)	Informes de Monitoreo del Proyecto	
3.7 Ejecutar el acompañamiento de docentes auxiliares en el aula.	El 80% de docentes auxiliares ha recibido acompañamiento pedagógico dentro de las aulas	Porcentaje de docentes auxiliares que ha recibido acompañamiento pedagógico dentro de las aulas	Docentes auxiliares de escuelas EFI	
3.8 Brindar asesoramiento continuo a padres y madres de familia sobre el avance de aprendizaje de sus hijos e hijas.	El 60% de padres de familia ha recibido asesoramiento sobre los avances de aprendizaje de sus hijos e hijas	Porcentaje de padres de familia que ha recibido asesoramiento sobre los avances de aprendizaje de sus hijos e hijas	Docentes de escuelas EFI	

4. Equipamiento e infraestructura: Generar y mantener las condiciones ambientales y de infraestructura en las escuelas como garantía de una educación segura.

	Jerarquía de Objetivos	Metas	Indicadores	Fuentes de Verificación	Supuestos
PRODUCTO	**ACCIONES RESULTADO 4:** 4.1. Garantizar que las escuelas EFI dispongan de salones e infraestructura educativa segura y de calidad para los niños, niñas y adolescentes.	El 80% de escuelas EFI tienen equipamientos educativos seguros y de calidad para el uso cotidiano de los alumnos.	Porcentaje de escuelas EFI que tienen equipamientos educativos seguros y de calidad para el uso cotidiano de los alumnos	Informes de Monitoreo del Proyecto Docentes de escuelas EFI	Participación del Gobierno Local, ONG y Organizaciones afines, y la UGEL Ventanilla en el tema de educación.
	4.2 Ejecutar la limpieza y mantenimiento por parte de los alumnos y profesores de los baños como medio para aprender el valor de la limpieza, estar sanos y evitar enfermedades.	El 90% de los servicios higiénicos de las escuelas EFI se encuentran limpios en los días hábiles.	Porcentaje de servicios higiénicos de las escuelas EFI que se encuentran limpios en los días hábiles	Informes de Monitoreo del Proyecto Docentes y alumnos de escuelas EFI	
	4.3 Expandir y mantener las áreas verdes dentro y fuera de las escuelas como medio para aprender el cuidado del medio ambiente.	El 90% de escuelas EFI tiene sus propias áreas verdes dentro y fuera de las escuelas.	Porcentaje de escuelas EFI que tiene sus propias áreas verdes dentro y fuera de las escuelas Número de nuevas áreas verdes creadas por cada escuela EFI	Docentes, padre de familia y alumnos.	

*Fuente: elaboración propia.

4.1 Diseño de estrategias o líneas de acción de acuerdo a los resultados y acciones del marco lógico de un programa o proyecto

Las líneas de acción o estrategias de intervención[24] son los cursos de acción permanentes o recurrentes que establecen el camino a seguir para la consecución de los objetivos del proyecto social.

Así, las líneas de acción organizan y dan un sentido de unidad, dirección y propósito a la totalidad de las acciones definidas en el marco lógico, garantizando así una gestión eficaz del proyecto.

Las estrategias o líneas de acción no deben ser confundidas con el tema del proyecto, es decir, género, salud, proyectos productivos, entre otros. Durante su formulación se debe considerar el criterio de coherencia, vinculándolo con el problema central identificado y con el propósito y con los resultados definidos en la columna Jerarquía de objetivos del marco lógico.

Es importante mencionar que las estrategias son medios al igual que las acciones o actividades definidas en el marco lógico, por lo que, a la luz de los avances o logros que el programa o proyecto obtenga con su implementación, haciendo uso de las labores de monitoreo y evaluación; tanto dichas estrategias como las actividades pueden ser reajustadas en beneficio de la ejecución eficiente y eficaz del proyecto. Lo contrario ocurre con los objetivos del marco lógico, ya que en principio estos son la columna vertebral y estructural de todo programa o proyecto.

En ese sentido, como se señala anteriormente las líneas de acción o estrategia aluden a los medios más importantes, medios de gran envergadura que organizan las acciones. Por ejemplo, comunicación, desarrollo de capacidades, asesoramiento, promoción, relaciones interinstitucionales, entre otras.

Pasos para la formulación de las líneas de acción o estrategias de intervención

Paso 1:   Las líneas de acción se formulan principalmente a partir de las acciones definidas para cada resultado del marco lógico. Se debe considerar como un referente importante también el propósito definido en el proyecto. Se debe agrupar las acciones que aluden a un tema similar. Esto dará como

---

[24] El BID considera a los resultados del marco lógico como componentes, los cuales corresponden a líneas de acción o estrategias de intervención.

resultado que todas las acciones del marco lógico estén agrupadas temáticamente.

A continuación se presenta un gráfico que ilustra este primer paso:

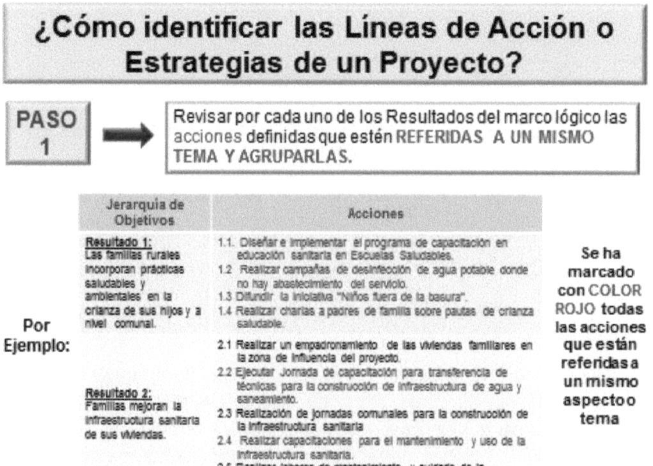

Paso 2:   Luego de haber agrupado las acciones similares, se debe asignarle un nombre que identifique a la estrategia o línea de acción. Este nombre puede ser resumido en un título o frase que evidencie que se está aludiendo a un medio como proceso permanente que orientará un grupo de acciones.

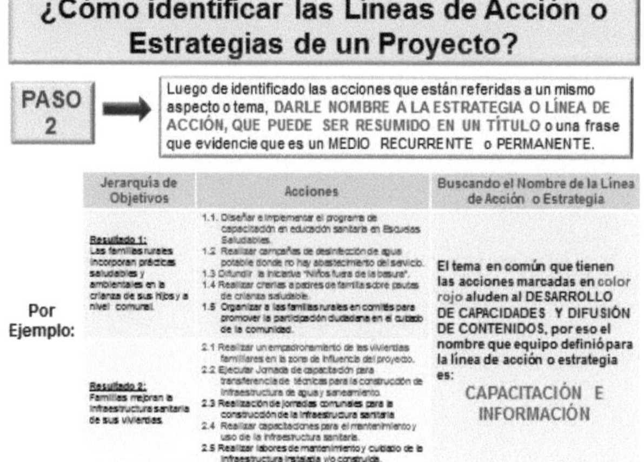

¿Cómo identificar las Líneas de Acción o Estrategias de un Proyecto?

Jerarquía de Objetivos	Acciones	Buscando el Nombre de la Línea de Acción o Estrategia
Resultado 1: Las familias rurales incorporan prácticas saludables y ambientales en la crianza de sus hijos y a nivel comunal.	1.1. Diseñar e implementar el programa de capacitación en educación sanitaria en Escuelas Saludables. 1.2 Realizar campañas de desinfección de agua potable donde no hay abastecimiento del servicio. 1.3 Difundir la iniciativa "Niños fuera de la basura". 1.4 Realizar charlas a padres de familia sobre pautas de crianza saludable. 1.5 Organizar a las familias rurales en comités para promover la participación ciudadana en el cuidado de la comunidad.	**Las acciones en color verde aluden a la:** PARTICIPACIÓN COMUNAL
Resultado 2: Familias mejoran la infraestructura sanitaria de sus viviendas.	2.1 Realizar un empadronamiento de las viviendas familiares en la zona de influencia del proyecto. 2.2 Ejecutar Jornada de capacitación para transferencia de técnicas para la construcción de infraestructura de agua y saneamiento. 2.3 Realización de jornadas comunales para la construcción de la infraestructura sanitaria comunal. 2.4 Construcción de infraestructura para agua y desagüe familiar. 2.4 Realizar capacitaciones para el mantenimiento y uso de la infraestructura sanitaria. 2.5 Realizar labores de mantenimiento y cuidado de la infraestructura instalada y/o construida de manera participativa.	**Las acciones en color azul aluden a:** INFRAESTRUCTURA

Por Ejemplo:

Paso 3: Una vez identificadas las líneas de acción, el tercer paso se debe validar la concordancia de estas con cada uno de los resultados del marco lógico. Esto permitirá identificar las vinculaciones entre cada estrategia y cada resultado u objetivo específico, señalando dichas vinculaciones en una matriz como se presenta a continuación:

¿Cómo identificar las Líneas de Acción o Estrategias de un Proyecto?

PASO 3 → Una vez que se tengan identificadas y tituladas las líneas de acción o estrategias se recomienda validar la concordancia de estas con cada uno de los resultados del marco lógico. Para ello se debe construir una matriz como la que se presenta a continuación.

Líneas de Acción Resultados	Capacitación e Información (LA 1)	Infraestructura (LA 2)	Participación Comunal (LA 3)
Resultado 1 Las familias rurales incorporan prácticas saludables y ambientales en la crianza de sus hijos y a nivel comunal.	X		X
Resultado 2 Familias mejoran la infraestructura sanitaria de sus viviendas.	X	X	
Resultado 3 Organización comunitaria fortalecida y autogestionaria en sistemas de agua y saneamiento.	X		X

Mg. Percy Galindo Díaz

Paso 4:   Luego de identificar la vinculación entre la línea de acción o estrategia con los resultados del marco lógico, se debe elaborar la fundamentación de la misma. Esta fundamentación busca señalar por qué es importante determinada estrategia para la ejecución del programa o proyecto.

En ese sentido, por cada vinculación marcada con una "x" señalar aquellas causas que la estrategia va ayudar a resolver o superar de acuerdo a las alternativas propuestas como insumos para las futuras acciones del marco lógico.

¿Cómo identificar las Líneas de Acción o Estrategias de un Proyecto?

Para FUNDAMENTAR LA ESTRATEGIA O LÍNEA DE ACCIÓN se debe ubicar por cada X:
- Aquellas causas que la estrategia va a ayudar a resolver de acuerdo a las alternativas (futuras actividades del marco lógico).
- Aquellas actividades del marco lógico que están subordinadas (un mismo color) a la línea de acción.

Resultados / Líneas de Acción	Capacitación e Información (LA 1)	Infraestructura (LA 2)	Participación Comunal (LA 3)
Resultado 1 Las familias rurales incorporan prácticas saludables y ambientales en la crianza de sus hijos y a nivel comunal.	**X** SEÑALAR ACÁ LAS CAUSAS QUE DAN ORIGEN AL RESULTADO Y LAS ACTIVIDADES PREVISTAS PARA ESTE. (Insumo para Fundamentación de Estrategia)		**X**
Resultado 2 Familias mejoran la infraestructura sanitaria de sus viviendas.	**X**	**X**	
Resultado 3 Organización comunitaria fortalecida y autogestionaria en sistemas de agua y saneamiento.	**X**		**X**

Mg. Percy Bobadilla Díaz

Fundamentación de una estrategia a partir del análisis causal

Resultados / Líneas de Acción	Capacitación e Información (LA 1)	Infraestructura (LA 2)	Participación Comunal (LA 3)
Resultado 1 Las familias rurales incorporan prácticas saludables y ambientales en la crianza de sus hijos y a nivel comunal.	Causa Principal: **Inadecuados hábitos de higiene.** Causa Secundaria: **Deficiente conocimiento de educación sanitaria en las familias** Causa Secundaria: **Desconocimiento de beneficios a nivel familiar de la importancia de las prácticas de higiene y su aplicación**		**X**

Luego de identificar las causas como se muestra en el cuadro anterior, se debe proponer una redacción que describa la problemática que enuncian dichas causas que serán resueltas por la línea de acción. Para esta redacción pueden tener como referente la siguiente pregunta orientadora: **¿Por qué es importante esa línea de acción o estrategia para implementar el proyecto?**

Ejemplo de Fundamentación a partir de las causas vinculadas con la línea de acción

LINEA DE ACCION O ESTRATEGIA:

1. Capacitación e Información

Fundamentación

Una de las principales barreras para el cambio de actitudes y asimilación de prácticas adecuadas de higiene y salud es el limitado nivel educativo o desarrollo de capacidades de las poblaciones rurales, principalmente las que viven en condiciones de vulnerabilidad y exclusión social. En ese sentido, la información y procesos de desarrollo de capacidades están relacionadas directamente al acceso a oportunidades de aprendizaje referidos a hábitos saludables de las familias rurales.

El proyecto pone especial énfasis en el fortalecimiento de conocimientos y actitudes que favorezcan las condiciones de salud al interior de la familia y a nivel comunal; con especial énfasis en la concientización y sensibilización sobre los derechos y deberes inherentes al desarrollo de condiciones saludables de vida. Las actividades incorporarán el enfoque ambiental y el de sostenibilidad de manera transversal, para lograr el empoderamiento de la población participante.

Paso 5: Seguidamente, señalar por cada estrategia o línea de acción, las pautas o procedimientos para la ejecución efectiva y eficaz de las actividades que se encuentra vinculadas a la estrategia. Para ello se debe:

- Analizar las acciones del marco lógico que le corresponden a la línea de acción, e identificar las características o las condiciones mínimas fundamentales que se debieran realizar para ejecutar las actividades.

- Estas características o condiciones mínimas señalarán de alguna manera una estandarización del proceso de ejecución de las actividades que le corresponden a la línea de acción o estrategias.

Para realizar este paso se propone la siguiente pregunta orientadora: **¿Cuáles son las pautas, pasos o procedimientos que se deben establecer por cada línea acción o estrategia para lograr la eficacia del conjunto de acciones propuestas en el proyecto?**

Una vez respondida la pregunta se deben listar todas las acciones del marco lógico que están subordinadas a cada línea de acción o estrategia.

¿Cómo identificar las Líneas de Acción o Estrategias de un Proyecto?

PASO 5

Señalar por cada ESTRATEGIA O LÍNEA DE ACCIÓN, las PAUTAS O PROCEDIMIENTOS PARA LA EJECUCIÓN DE LAS ACTIVIDADES QUE LE CORRESPONDE:

- Mirando las actividades de la Línea de Acción identificar características o condiciones mínimas fundamentales que deben realizarse cuando se ejecuten las actividades.
- Estas características o condiciones mínimas señalarán de alguna manera una estandarización del proceso de ejecución de las actividades.

Líneas de Acción / Resultados	Capacitación e Información (LA 1)
Resultado 1 Las familias rurales incorporan prácticas saludables y ambientales en la crianza de sus hijos y a nivel comunal.	Las acciones pendientes en el marco lógico para implementar la línea de acción o estrategia son: **Acciones del Resultado 1:** • Diseñar e implementar el programa de capacitación en educación sanitaria en Escuelas Saludables. • Realizar campañas de desinfección de agua potable donde no hay abastecimiento del servicio. • Difundir la iniciativa "latrina fuera de la basura". • Realizar charlas a padres de familia sobre pautas de crianza saludable (alimentación e higiene).
Resultado 2 Familias mejoran la infraestructura sanitaria de sus viviendas.	**Acciones del Resultado 2:** • Realizar un empadronamiento de las viviendas familiares en la zona de influencia del proyecto. • Ejecutar jornada de capacitación para transferencia de técnicas para la construcción de infraestructura de agua y saneamiento. • Realizar capacitaciones para el mantenimiento y uso de la infraestructura sanitaria. **Acciones del Resultado 3:** (idem)
Resultado 3 Organización comunitaria fortalecida y autogestionaria en sistemas de agua y saneamiento.	• La capacitación y asistencia técnica combinará conocimientos teóricos con la práctica, es decir todas las acciones de desarrollo de capacidades deberán contemplar el enfoque aprender-haciendo. • Las acciones de información deberán tener presente un lenguaje visual y amigable con contenidos directamente vinculados con situaciones de la vida cotidiana. • Se deberá utilizar el idioma quechua en las acciones de capacitación o información para aquellas poblaciones rurales quechua-hablantes.

Mg. Percy Sobville Doz

Luego de haber contar con la fundamentación de las estrategias, tendremos entonces tanto una justificación a partir de la problemática que se espera resolver, así como las pautas o procedimientos a seguir que contribuirán a una ejecución eficaz de cada una de las actividades del proyecto, logrando diseñar procesos estandarizados que regulen la ejecución misma de la intervención. A continuación se presenta un ejemplo del tipo de argumentación o redacción que debe caracterizar a la fundamentación de una línea de acción o estrategia:

Ejemplo...

LINEA DE ACCION O ESTRATEGIA:

1. Capacitación e Información

Fundamentación

Una de las principales barreras para el cambio de actitudes y asimilación de prácticas adecuadas de higiene y salud es el limitado nivel educativo o desarrollo de capacidades de la poblaciones rurales, principalmente las que viven en condiciones de vulnerabilidad y exclusión social. En ese sentido, la información y procesos de desarrollo de capacidades están relacionadas directamente al acceso a oportunidades de aprendizaje referidos a hábitos saludables de las familias rurales.

El proyecto pone especial énfasis en el fortalecimiento de conocimientos y actitudes que favorezcan las condiciones de salud al interior de la familia y a nivel comunal; con especial énfasis en la concientización y sensibilización sobre los derechos y deberes inherentes al desarrollo de condiciones saludables de vida. Las actividades incorporarán el enfoque ambiental y el de sostenibilidad de manera transversal, para lograr el empoderamiento de la población participante.

Procedimientos o pautas básicas para la implementación de la línea de acción o estrategia que garantizan la ejecución eficiente y homogénea de las acciones del marco lógico.

- La capacitación y asistencia técnica combinará conocimientos teóricos con la práctica, es decir todas las acciones de desarrollo de capacidades deberán contemplar el enfoque aprender-haciendo.
- Las acciones de información deberán tener presente un lenguaje visual y amigable con contenidos directamente vinculados con situaciones de la vida cotidiana.
- Se deberá utilizar el idioma quechua en las acciones de capacitación o información para aquellas poblaciones rurales quechua-hablantes.

Finalmente, luego de haber diseñado las líneas de acción o estrategias, éstas pueden presentarse en el siguiente formato, el cual busca compilar toda la información referida a este componente fundamental en todo programa o proyecto. Este formato debe ser preparado para cada una de las líneas de acción o estrategias diseñadas.

FORMATO DE PRESENTACIÓN DE LAS ESTRATEGIAS O LÍNEAS DE ACCIÓN

Propósito del Proyecto			
Línea de acción o estrategia:		Resultado del Marco Lógico	
Fundamentación:			
Procedimientos o pautas básicas			
Listado de Acciones del Marco Lógico			

¿Cómo difundir las estrategias o líneas de acción de un programa o proyecto?

La propuesta de graficar o ilustrar de manera amigable y de fácil entendimiento aspectos generales e importantes de un programa y proyecto siempre será un mecanismo válido principalmente cuando se busca masificar y difundir los alcances y beneficios de una intervención no sólo ante la propia población destinataria del mismo; sino también ante la ciudadanía.

Es así que representar a través de gráficos las estrategias que caracterizan a un proyecto, además de señalar los objetivos en términos de cambios que se esperan lograr contribuye notablemente a este fin. A continuación se presentan algunas ilustraciones sobre las estrategias o líneas de acción de programas.

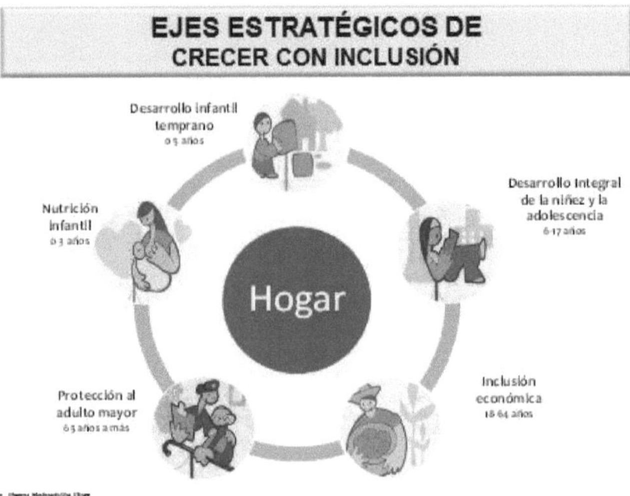

LOS EJES ESTRATÉGICOS Y SUS RESULTADOS
- CRECER CON INCLUSIÓN -

Mg. Percy Bobadilla Díaz

Capítulo 5:

Formato Básico para la presentación del programa o proyecto

En el capítulo seis se incluye el formato básico de presentación de un programa o proyecto, contemplando los componentes diseñados tanto en la fase del diagnóstico como en la formulación de la propuesta de intervención. Este formato contempla seis partes referidas fundamentalmente a la información sobre el contenido del programa o proyecto. En la última sección se incluyen los anexos necesarios para tener mayor documentación sobre el marco lógico y el diseño de las metas e indicadores principalmente.

ESQUEMA O FORMATO BÁSICO PARA LA PRESENTACIÓN DE UN PROGRAMA O PROYECTO

1. INTRODUCCIÓN
   a. Título del Programa o Proyecto
   b. Institución que lo asumiría
   c. Integrantes del equipo ejecutor

2. Descripción / resumen del programa o proyecto
   2.1. Justificación del proyecto:
   Qué problema va a enfrentar, qué objetivos esperan alcanzar, y cuáles son las acciones más importantes a implementar para alcanzar los objetivos.
   2.2. Zona del proyecto o institución donde se desarrollara el proyecto
   2.3. Identificación de la población beneficiaria

3. Diagnóstico que justifica el diseño del programa o proyecto: Identificación y análisis de problemas y oportunidades
   3.1. Árbol de Problemas
   3.2. Análisis de Causalidad: explicación de la relación causal con el problema central basado en evidencias.
   3.2. Identificación de capacidades /fortalezas y oportunidades
   3.3. Matriz de condiciones de viabilidad: Matriz de Alternativas.

4. Propuesta de Intervención del Programa o Proyecto
   4.1. Discurso o Enfoque de Desarrollo.
   4.2. Los Objetivos y Acciones del Programa o Proyecto (Fin, Propósito, Resultados y Actividades).
   4.3 Indicadores de Evaluación (Impacto y Efecto) y Monitoreo (producto) del Programa o Proyecto.
   4.4. Estrategias o Líneas de Acción por cada resultado o componente del marco lógico.

5. Organización modelo de gestión del proyecto

5.1. Organigrama institucional

5.2. Organigrama del proyecto

6. Presupuesto por actividades

7. Anexos:

a. Matriz del marco lógico completa.
b. Matriz de conceptualización para la formulación de metas e indicadores del nivel de Propósito (impacto) y efectos (resultados.

Referencias bibliográficas

- Agencia Alemana de Cooperación Técnica - GTZ. (s./f). *ZOPP resumido.* Eschborn: GTZ.

- Asociación Latinoamericana de Organizaciones de Promoción – ALOP. (2001). *Mito y realidad de la ayuda externa: América Latina al 2002. Una evaluación independiente de la Cooperación Internacional.* Lima: ALOP.

- Agencia Presidencial de Cooperación Internacional de Colombia - APC Colombia (2012). *Manual de Formulación de Proyectos de Cooperación Internacional.* Bogotá: APC Colombia.

- Asociación de Municipios de Honduras – AMHON, y Programa de Desarrollo local y Fortalecimiento Municipal de Honduras – PRODEMHON. (2008). *Manual de gestión del ciclo de un proyecto.* Tegucigalpa: AMHON-PRODEMHON.

- CARE. (2004). *Guía para el diseño, monitoreo y evaluación.* San Salvador. CARE.

- Franke, M. (1993). *Franja. Boletín Informativo.* Lima: Escuela para el Desarrollo.

- Figueroa, A. et al. (1996). *Exclusión Social y Desigualdad en el Perú.* Lima: Fondo Editorial PUCP.

- Gobierno de España. Ministerio de Asuntos Exteriores. Secretaria de Estado para la Cooperación Internacional y para Iberoamérica - MAE-SECIPI. (1998). *Metodología de la evaluación de la cooperación española.* Madrid: MAE-SECIPI.

- Organización Internacional del Trabajo - OIT. (1991). *Guía básica para la preparación de perfiles de proyectos.* Buenos Aires: OIT.

- Plaza, O. (1998). *Desarrollo Rural: Enfoques y Métodos Alternativos.* Lima: Fondo Editorial PUCP.

- Practical Concepts Incorporated – PCI. (1979). *El Marco Lógico.* Washington D.C. PCI.

- Programa de Naciones Unidas para el Desarrollo - PNUD. (1997). *Monitoreo y evaluación orientada a la obtención de resultados: manual para los administradores de programas.* Nueva York. PNUD.

- Ramírez, C. (1999). *Modelo de las configuraciones de Henry Mintzberg.* Universidad de Chile. Instituto de ciencia política.

- Sen, A. et al. (2000). *Desarrollo y libertad.* Barcelona: Planeta.

Referencias de Internet

- Banco Mundial. (2016).*Temas: Sociedad Civil.* Consulta: 04 de marzo.

  <http://web.worldbank.org/WBSITE/EXTERNAL/BANCOMUNDIAL/EXTTEMAS/EX
  TCSOSPANISH/0,,contentMDK:21358558~menuPK:3845512~pagePK:220503~pi
  PK:220476~theSitePK:1490924,00.html>

- Departamento de las Naciones Unidas para los Asuntos Sociales y Económicos.
  (2016). *Información del sitio. División de Desarrollo Sustentable.* Consulta: 04 de
  marzo.
  <http://www.un.org/en/development/desa/index.html>

- Centro internacional de investigación sobre desarrollo. (2016). *Política de
  Desarrollo Rural del Banco Interamericano de Desarrollo.* Consulta: 04 de marzo.
  <http://www.iadb.org/es/acerca-del-bid/politica-de-desarrollo-rural,6229.html.>

- Oxfam. (2016). *Intermon Oxfam – Proyectos de Desarrollo.* Consulta: 04 de
  marzo.
  <http://www.intermonoxfam.org/es/page.asp?id=816.>

- Naciones Unidas. Centro de Investigación sobre Desarrollo Social. (2016).
  Investigaciones recientes. Consulta: 04 de marzo.

  <http://www.unrisd.org/80256B3C005BB128/(httpResearchHome)/$first?opendocu
  ment&startyear=2005&count=1000.>

- Fondo de las Naciones Unidas para la Infancia. (2013).   *Construyendo juntos
  escuelas felices e integrales.* Consulta: 04 de marzo.
  <http://www.buenaondaperu.org/unicef/Construyendo-Juntos-Escuelas-Felices-e-
  Integrales.pdf>

- PREVAL. (2016). *Programa para el fortalecimiento de capacidades regional de
  seguimiento y evaluación de proyectos FIDA para la reducción de la pobreza rural.*
  Consulta: 07 de marzo.
  <http://preval.org/ >

- Instituto Interamericano para el Desarrollo Económico y Social (INDES).
  <http://idbdocs.iadb.org/wsdocs/getdocument.aspx?docnum=2218420>
  Biblioteca Digital. Textos en línea y biblioteca del BID.

- La metodología del marco lógico: conceptos, definiciones, características y
  modalidades.
  <http://www.monografias.com/trabajos27/marco-logico/marco-logico.shtml.
  Consulta: 07 de marzo de 2016.>

Printed by Books on Demand GmbH, Norderstedt / Germany